KB252441

세상을 바꾼 항해술의 발달

세상을 바꾼 항해술의 발달

_별 찾기에서 인공위성항법까지

초판 1쇄 발행 2008년 7월 25일
초판 3쇄 발행 2015년 12월 30일

지은이 김우숙, 이민수
펴낸이 이원중

펴낸곳 지성사 **출판등록일** 1993년 12월 9일 **등록번호** 제10-916호
주소 (03408) 서울시 은평구 진흥로1길 4(역촌동 42-13) 2층
전화 (02) 335-5494 **팩스** (02) 335-5496
홈페이지 지성사.한국 | www.jisungsa.co.kr **이메일** jisungsa@hanmail.net

ⓒ 김우숙·이민수, 2008

ISBN 978-89-7889-176-9 (04400)
ISBN 978-89-7889-168-4 (세트)

이 도서의 국립중앙도서관 출판시도서목록(CIP)은 서지정보유통지원시스템
홈페이지(http://seoji.nl.go.kr)와 국가자료공동목록시스템(http:www.nl.go.kr/kolisnet)에서
이용하실 수 있습니다. (CIP제어번호:CIP2008002224)

세상을 바꾼 항해술의 발달

별 찾기에서 인공위성항법까지

김우숙
이민수 지음

지성사

차례

머리말 6

1부 지도 찾기 컴퓨터를 지닌 동물들 8

태양을 이용한 개미의 방향 잡기 ● 꿀벌이 꿀의 위치 정보를 전달하는 방법 ● 모나크나비의 겨울나기 여행 ● 연어의 고향 찾아가기 ● 깜깜한 밤에 바다제비의 집 찾아가기

2부 옛날 사람들의 바닷길 찾기 18

고대인의 바닷길 찾기 ● 자연현상을 이용한 항해술 ● 새를 이용해 육지 찾기 ● 태양과 별을 보고 동서남북 알기

3부 바다에서 방위와 고도 알아내기 30

자연과 천체를 이용한 방위 알아내기 ● 나침반을 이용한 방위 알아내기 ● 자이로컴퍼스를 이용한 방위 알아내기 ● 상대방위와 진방위는 어떻게 다를까? ● 바다에서 고도를 측정하는 방법 ● tip 손목시계를 이용해 남쪽 찾기

4부 배의 속도 측정하기 40

1해리는 얼마만한 거리인가? ● 나무토막으로 배의 속도 알아내기 ● 배의 속도는 왜 '노트'라고 할까? ● 새로 만든 배의 속도 확인하기 ● tip 움직이는 물체와 배의 속도 비교하기 / 배의 크기를 나타내는 방법

5부 바닷물의 깊이 알아내기 49

바닷물의 색깔로 물의 깊이 알아내기 ● 수용측연으로 물 밑의 상태와 깊이 알아내기 ● 초음파로 물의 깊이 측정하기

<u>6부</u> 해도에 담긴 다양한 바다 정보 53

해도는 육지의 지도와 어떻게 다를까? ● 해도의 종류에는 무엇이 있을까?

<u>7부</u> 배의 현재 위치 나타내기 58

우리 집은 어디에 있을까? ● 위도와 경도로 배의 위치 표시하기 ● 나침반으로 배의 위치 알아내기

<u>8부</u> 콜럼버스와 마젤란의 항해술 63

콜럼버스는 어떻게 아메리카를 발견했을까? ● 마젤란은 어떻게 세계 일주 항해를 했을까? ● 쿡 선장은 어떻게 자신의 위치를 알았을까? ● tip 항해술이 바꾼 음식 문화 / 마젤란은 무엇을 싣고 세계 일주에 나섰을까? / 별을 이용해 배의 위치 알아내기

<u>9부</u> 전파를 이용하는 오늘날의 항해술 78

항해에 이용하는 전파의 종류 ● 전파가 오는 방향을 측정해 배의 위치 구하기 ● 쌍곡선항법의 원리 ● 배에서는 레이더를 어떻게 이용할까? ● 인공위성으로 배의 위치 찾기

<u>10부</u> 깊은 물속에서 배의 위치를 아는 방법 92

<u>부록</u> 항해의 역사 95

우리 인류는 콜럼버스Christopher Columbus가 15세기에 아메리카를 발견하기 훨씬 전부터 바다를 항해했으며, 오늘날에는 커다란 여객선, 군함, 원유운반선 등이 바다의 구석구석을 누비고 있다. 그런데 인공위성과 최신 장비를 이용하는 오늘날과 달리 예전 범선 시절에는 어떻게 망망대해에서 자기 배의 위치를 알았을까? 인류의 지혜가 발달하기 전인 고대에는 어떻게 항해를 했을까? 그 항해술의 역사와 발달 과정이 무척 궁금할 것이다.

항해술이란 배에 사람이나 화물을 싣고 목적지까지 안전하게 운전하는 기술을 말한다. 항해를 할 때 가장 중요한 일은 현재 내가 있는 위치를 정확히 파악하는 것이다. 그래야 목적지로 향하는 방향을 결정하고 돛이나 키를 조종할 수 있기 때문이다.

인류가 처음 항해를 시작할 때에는 육지 가까이에서 항해했으므로 육지의 모양이나 섬들을 보고 자신의 위치를 짐작했다. 그러나 육지로부터 멀리 떨어진 바다에서는 육지의 생김새나 물체를 이용할 수 없게 된다. 이때 인간은 하늘의 해와 별 같은 천체가 규칙적으로 움직이는 것을 알고 이를 이용해 자신의 위치를 파악했다. 그리고 20세기에 들어와서는 발달된 전기 · 전자 기술로 배의 위치를 알아냈고, 1970년대에는 인공위성을 이용한 위치결정법이 개발되었다.

이 책에서는 자신의 집을 정확히 찾아가는 동물들의 항해 원리를 시작으로, 천체의 움직임 · 해류 · 바람 등 인간이 항해에 이용해 온 자연현상을 알려 준다. 그리고 바다 한가운데에서 방위와 고도를 어떻게 알아내는지, 배의 속도를 측정하는 방법이 어떻게 발전해 왔는지, 바닷물의 깊이는 어떻게 측정하고 해도海圖는 어떻게 만드는지, 배의 위치를 아는 기본 원리는 무엇인지, 잠수함은 물속에서 어떻게 위치를 확인하는지 등 인류의 역사와 함께 진화해 온 항해술의 발달에 대한 모든 궁금증을 풀어 간다.

자, 이제 다 함께 재미있는 과학과 역사가 가득한 항해를 시작해 보자.

2008년 7월

김우숙, 이민수

태양을 이용한 개미의 방향 잡기

최재천 교수의 『개미제국의 발견』이라는 책을 보면, 약 100년 전에 개미의 행동을 알아보기 위한 재미있는 실험이 있었다. 먼저 그림 1의 (가)와 같이 개미가 집으로 향하는 길에 판자를 세워 햇빛을 차단했더니, 햇빛을 보지 못하게 된 개미는 더 이상 진행하지 못하고 우왕좌왕했다. 그런데 그 판자를 치우자 개미는 다시 방향을 잡고 가던 길을 갔다. 다음에는 그림 1의 (나)와 같이 판자로 가려 햇빛이 차단된 곳의 건너편에 거울을 세워 햇빛을 반사시켜 보았다. 이처럼 태양의 방향이 정반대로 바뀌자 개미는 집과는 정반대 방향으로 움직이기 시작했다. 이 실험을 통해 개미

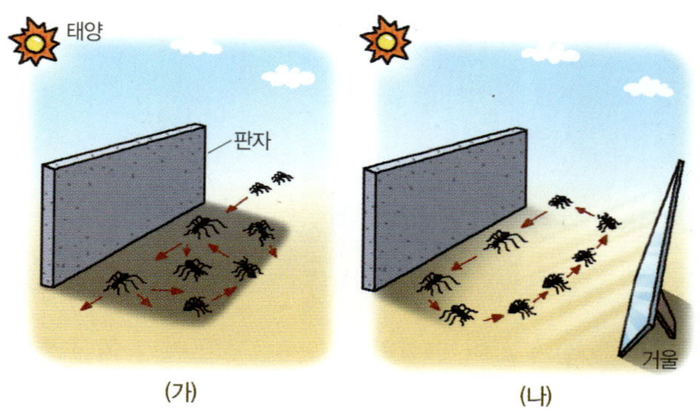

그림 1 개미의 방향 잡기

가 태양의 위치를 확인하면서 갈 방향을 잡는다는 사실을 알게 되었다.

또한 사하라 사막에 사는 개미의 일종은 방향을 이리저리 바꾸며 모래 위를 빠르게 움직이다가 먹이를 발견해 입에 문 후에는 정확하게 집을 찾아간다. 이들은 방향을 바꿀 때마다 태양과의 각도를 측정해 움직인 거리를 계산해 두었다가 집 쪽을 정확히 알고 찾아가는 것이다.

● 최재천, 『개미제국의 발견』(사이언스북스, 1999), 68~73면.

꿀벌이 꿀의 위치 정보를 전달하는 방법

꿀의 위치를 알아내는 임무를 맡은 정찰벌은 꿀을 찾으면 벌통으로 돌아온다. 그리고 여러 가지 춤을 추며 일벌들에게 꿀의 위치를 알려 준다. 즉, 춤으로 의사를 전달하는 것이다. 꿀이 벌통으로부터 50~75미터 이내에 있으면 그림 2의 (가)와 같이 원형의 춤을 추고, 75미터 이상 떨어져 있으면 그림 2의 (나)와 같이 흔드는 춤을 춘다. 이때 흔드는 춤은 두 가지 정보를 전달한다.

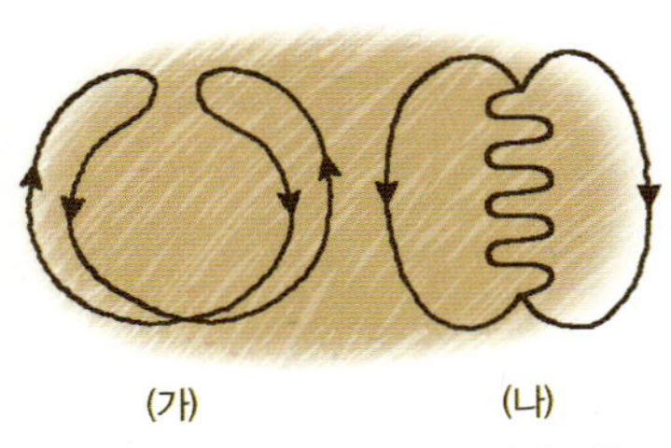

그림 2 꿀벌이 꿀의 위치를 알리는 춤

먼저 중앙의 축 방향은 꿀이 있는 방향을 태양에 대한 상대적인 각도로 나타낸다. 꿀벌은 중앙의 축 방향으로 움직일 때 배를 격렬하게 흔들면서 강한 화학 물질을 발산하며, 윙윙거리는 소리와 함께 진동을 만든다. 이 소리는 날개를 1초에 200~300번 흔들어 만드는 것이다. 중앙의 축 방향은 시간에 따라 태양의 방위가 변하므로 때에 따라 달라진다.

춤의 흔드는 속도는 꿀의 위치가 벌통으로부터 얼마나

떨어져 있는지를 나타낸다. 꿀벌은 두 개의 겹눈과 세 개의 홑눈을 가지며, 눈으로 받아들인 영상의 움직임을 이용해 거리를 측정한다.

　꿀벌은 항해를 하는 동안 어떤 방법으로 공간적인 지도를 만드는 것일까? 꿀벌도 개미와 마찬가지로 육지의 뚜렷한 물체를 기억장치에 저장한다. 모든 육상의 물체가 벌통과 연관되고, 벌통으로부터의 거리와 방향에 대한 정보를

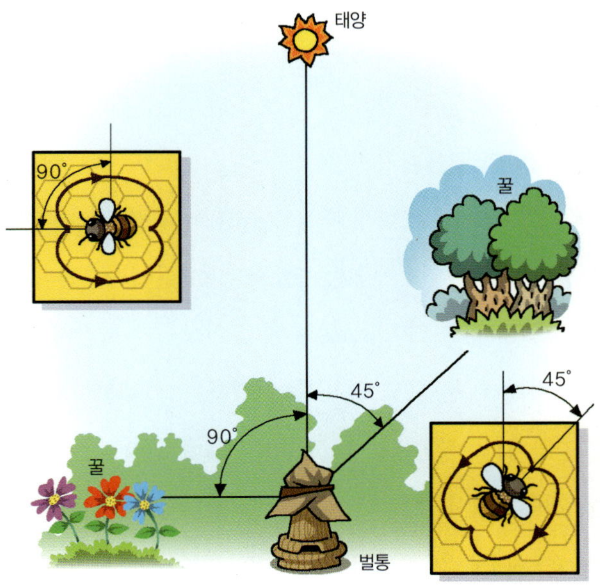

그림 3　꿀벌이 꿀의 위치를 알리는 원리

가지며, 새로운 정보(물체)가 들어오는 대로 새 정보로 기준을 바꾼다. 그러나 아직까지는 꿀벌이 그 조그만 머리에 완전한 정보를 저장하는 원리를 정확히 알아낼 수 없다.

그림 3은 정찰벌이 춤을 통해 일벌에게 알려 주는 정보의 내용을 보여 준다. 그림의 왼쪽에 있는 꿀은 태양으로부터 왼쪽으로 90도 방향에 있고, 그림의 오른쪽에 있는 꿀은 태양으로부터 오른쪽으로 45도 방향에 있다. 앞서 말했듯이 두 곳의 꿀까지의 거리는 벌통 앞에서 추는 춤의 흔드는 속도로 나타낸다.

모나크나비의 겨울나기 여행

세계적으로 북아메리카의 모나크나비처럼 멀리 이동하는 나비는 없다. 이 나비는 날개를 편 길이가 7센티미터 정도로 작지만 약 4,800킬로미터 이상을 여행한다. 모나크나비가 이처럼 먼 거리를 여행하는 이유는 무엇일까? 놀랍게도 이들은 겨울잠을 자기 위해 무리를 지어 북미와 캐나다에서 멕시코까지 날아간다. 로키 산맥의 동쪽에서 온 대부분의 모나크나비는 멕시코의 시에라마드레 산에서 겨울을 난다. 이들은 겨우내 해발 고도 약 3,000

그림 4 모나크나비의 이동 경로

미터에서 오야멜 전나무에 매달려 겨울잠을 잔다. 그리고 로키 산맥의 서쪽에서 온 모나크나비는 샌프란시스코에서 로스앤젤레스에 걸친 캘리포니아 해안을 따라 분포하는 유칼리나무나 소나무 숲에서 겨울을 보낸다. 이런 사실은 1975년에 밝혀졌는데, 요즘 수백만 마리의 모나크나비를 보기 위해 단체 여행객이 멕시코나 캘리포니아 해안을 찾는다고 한다.

시에라마드레 산 위치에 대한 흥미로운 사실은, 모나크나비가 겨울을 나는 지역의 중심 부근에서 지구 자기력의 세기가 다른 지역에 비해 100배나 높다는 것이다. 모나크나비는 이를 이용해 항해하는 듯하다. 예전에는 모나크나비가 맑은 날 태양 방위를 이용해 방향을 잡는다고 생각했는데, 최근에는 이와 더불어 모나크나비의 가슴 부근에 자철광 조각이 있으며, 새들과 마찬가지로 방위를 파악하는데 이것을 사용한다고 믿는다. 이 나비는 북아메리카에서 멕시코까지 날아가면서 날갯짓을 계속하지는 않는다. 따뜻한 상승 기류를 이용해 하늘 높이 올라가 바람을 타고 멀리 날아가는 것이다.

1997년 미국 캔자스 주의 한 고등학교에서 모나크나비 1만 2,397마리에 가벼운 꼬리표를 달아 그들의 이동을 추적하는 실험을 했다. 그 결과 '모나크나비가 태양컴퍼스·나침반·바람의 방향을 알아내는 수단 등 복합 항해 시스템을 가지고 있다' 는 사실을 알아냈다.

연어의 고향 찾아가기

연어의 회유 역시 놀라운 자연현상 중 하나이다. 연어는 강에서 태어나 대양을 돌아다니다가 어른이 되어 알을 낳을 때가 되면 현재 위치에 관계없이 본능적으로 자기가 태어난 강으로 돌아간다. 이때 연어는 현재 있는 곳에서 곧바로 알을 낳을 장소를 향해 회유를 시작한다. 연어는 강에

서 바다로 나오면 그림 5와 같은 '알래스카 소용돌이^{Alaska}

gyre'를 따라 항해하며, 알래스카 소용돌이의 어느 곳에 있

든지 산란 장소로 곧바로 돌아간다. 망망대해에서 이들이

태어난 곳으로 돌아가는 데 필요한 아무런 이정표가 없는

데도 가고자 하는 장소로 갈 수 있는 것은 회유에 필요한

어떤 형태의 '감각지도^{map sense}'를 가지고 있기 때문이라

고 추정된다.

　연어는 태양의 방위와 고도에 대해 지각력이 뛰어나 하

루 중 어느 때인지도 알며, 지리상의 북쪽을 찾는 방법도

알고 있다. 구름이 많이 낀 지역이나 저녁, 또는 깊은 물속

에서 헤엄칠 때에는 태양을 이용할 수 없으므로 제2의 방

그림 5　알래스카 소용돌이를 따라 헤엄치는 연어

법도 있을 것이다.

연어는 연안에 가까워져 강어귀에 들어오면 후각의 흔적인 화학적 기억을 따라 태어난 곳으로 항해한다. 이들이 떠나온 경로상의 물에 있는 페로몬pheromone(동물이 경고나 유인을 위해 몸 밖으로 분비하는 물질) 같은 물질을 인식하고 자동적으로 그쪽을 향해 가는 것이다.

오클랜드 대학교의 과학자들은 일찍이 연어나 송어의 눈 뒤에서 뇌로 향하는 조직을 따라 있는 신경망에 자석이 있음을 알아냈다. 이 발견을 통해 추측하건대 연어의 새끼가 성장해 바다로 나갈 때 화학적 호르몬 변화가 일어나 연어의 신경계에 그 시점의 위도와 경도를 기억시킨다고 가정해 볼 수 있다. 어른이 되어 알을 낳고자 할 때 연어의 머릿속에 있는 컴퓨터에는 현재의 위치와 자기가 태어난 곳의 위치가 기억되어 있는 것이다.

깜깜한 밤에 바다제비의 집 찾아가기

바닷가 절벽의 굴에서 사는 바다제비는 암흑 속에서도 둥지를 정확하게 찾아간다. 이들은 어떤 새보다도 냄새를 잘 맡으며, 과학자들은 이 감각이 집으로 돌아가는 데 큰 역할을 할 것으로 생각한다.

　프랑스 과학자들은 다른 형태의 집을 짓고 사는 9종류의 바다제비가 집을 찾을 때 후각기관을 어떻게 사용하는지 실험했다. 그리고 바다제비가 집을 찾을 때 낮에는 눈을 이용하지만, 밤에는 냄새를 맡는 능력에 크게 의존한다고 결론을 내렸다. 즉, 바다제비는 자신의 둥지에서 풍기는 특유의 강한 냄새를 따라 정확하게 집을 찾아간다.

2부

옛날 사람들의 바닷길 찾기

고대인의 바닷길 찾기

고대인은 하늘의 상태나 천체, 동물의 움직임 등을 이용해 항해를 했다. 이들의 예리한 감각은 현대인의 상상을 초월하는 경우가 있는데, 예를 들어 고대인은 육지 가까이에서 항해할 때 바람에 실려 오는 육지의 냄새를 맡아 방향을 짐작했다. 특히 안개가 끼어 육지가 어느 쪽인지 알 수 없을 때에는 이 능력이 매우 중요하다. 고대인의 능력과는 비교할 수 없지만 나도 오래전 항해사로 있을 때 비슷한 경험을 했다. 한 달 정도 항해를 마치고 육지에 오르면 바다의 냄새와 다른, 먼지 냄새와 비슷한 육지의 냄새를 맡을 수 있었다.

자연현상을 이용한 항해술

구름을 보고 섬 찾아가기 고대인은 구름의 모양을 보고 수평선 너머 멀리 떨어진 곳에 섬이 있다는 사실을 알아냈다. 저 멀리 수평선 위에 삿갓 모양의 구름, 눈썹 모양의 구름, V자 모양의 구름 등 특징 있는 구름이 보이면 찾고 있는 섬이 그 구름 아래에 있다고 생각하고 그 방향으로 배를 저어 갔다. 이것은 같은 양의 태양열을 받지만 바닷물보다 육지 쪽이 먼저 따뜻해지기 때문에 수증기의 증발이 많아지고, 수증기를 많이 포함한 따뜻한 공기가 위로 올라가 구름이 만들어지기 때문이다.

그림 6 섬 위에 나타나는 여러 가지 모양의 구름

바람과 해류를 이용한 항해 노르웨이의 인류학자인 헤이에르달Thor Heyerdahl은 남태평양 폴리네시아의 문화가 페루의 잉카문명과 비슷하다는 사실을 발견하고, 페루의 문화가 수

천 킬로미터 떨어진 폴리네시아까지 전해진 것으로 확신했다. 그는 이를 증명하기 위해 뜻이 같은 다섯 명과 함께 고대인의 방법으로 항해를 시도했다. 그는 페루의 밀림으로 들어가 가벼운 발사나무를 베어 가로 7.5미터, 세로 15미터의 뗏목을 만들었다. 그다음 못을 사용하지 않고 칡덩굴 같은 리아나 덩굴을 이용해 뗏목을 엮었다. 돛을 달고 주거 공간을 만들자 마침내 콘티키호가 완성되었다. 그는 1947년 페루의 카야오 항을 출발해 바람과 해류의 힘만으로 101일 동안 8,000킬로미터를 항해해 폴리네시아 라로이아 섬에 도착했다. 먹을거리는 주로 현장에서 해결했다. 날치가 날아가다가 배 위로 올라온 것을 미끼로 삼아 돌고래나 참치, 상어 등을 낚아 식사를 대신했다. 이렇게 함으로써 그는 고대인이 바람과 해류를 이용해 대양을 항해했음을 증명했다.

콜럼버스Christopher Columbus나 마젤란Ferdinand Magellan이 항해하던 범선 시절에도 이와 같이 바람이나 해류를 이용했다. 북반구에서는 북위 30도 부근에서 적도 쪽으로 북동무역풍이, 남반구에서는 남위 30도 부근에서 적도 쪽으로 남동무역풍이 일 년 내내 같은 방향으로 불기 때문에 콜럼버스는 이 바람을 이용해 인도를 찾아가다가 오늘날의 서

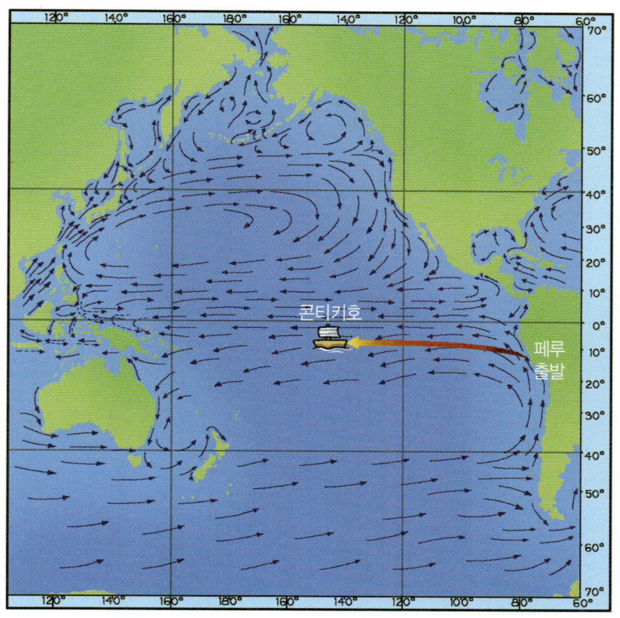

그림 7 콘티키호의 항로

인도 제도(중앙아메리카의 동쪽에 있는 섬의 무리)를 발견했다.

가까운 일본에서도 비슷한 실험을 한 적이 있다. "참마는 남방으로부터 쿠로시오 해류를 타고 전해졌다."는 학설이 있는데, 이를 증명하기 위해 오하라小原啓라는 사람은 동료 여섯 명과 함께 모험을 강행했다. 이들은 지름 12센티미터 정도의 대나무 300개 이상을 묶어서 뗏목을 만들어, 1977년 5월 30일에 필리핀의 아파리 항을 출발했다. 그리고 바람과 해류만 이용해 33일 동안 2,000킬로미터를 항해한 결과 그해 7월 2일에 일본 가고시마 항에 도착했다.

이 외에 제2차 세계대전이 끝난 줄도 모르고 필리핀의 조그만 섬에 숨어 있던 아홉 명의 일본군이 전쟁이 끝난 지 1년 뒤인 1946년에 주민들의 카누를 훔쳐 타고 일본까지 흘러간 사건도 유명하다. 이들은 필리핀 동쪽에서 일본 남동쪽으로 흘러가는 강력한 쿠로시오 해류를 이용한 것이다. 우리나라나 일본에는 동남아시아계 같은 외모의 사람도 있는데, 이들의 선조는 오래전에 바다에 나왔다가 해류에 밀려 우리나라나 일본까지 흘러온 동남아시아 사람이리라 생각된다.

태평양의 폴리네시아는 하와이와 이스터 섬, 그리고 뉴질랜드를 잇는 삼각형으로 둘러싸인 광대한 지역을 말한다. 그런데 이렇게 멀리 떨어진 사람들의 체격이 비슷하고 서로 언어가 통하는 것은 고대에 이들이 배를 타고 왕래했다는 사실을 증명한다. 세 차례에 걸쳐 태평양을 탐사하고 태평양 중 상당 부분의 지도를 완성한 것으로 유명한 쿡 James Cook 선장이 태평양을 탐사할 때 조그만 섬마다 사람이 살고 있었던 것도 이들이 오래전부터 섬과 섬 사이를 항해했음을 증명하는 하나의 증거라고 할 수 있다.

오늘날에는 해류가 흐르는 방향과 속도 등이 대부분 밝혀져 항해사들은 해류를 이용해 항해 시간을 단축한다. 예를 들면 쿠로시오 해류는 필리핀의 동쪽에서 시작해 대만 동쪽과 일본의 남동부를 거쳐 알류샨 열도 방향으로 흘러가는 대규모 해류로, 중심부의 유속은 시속 약 5~7킬로미터이다. 그러므로 우리나라에서 미국 쪽으로 갈 때에는 쿠로시오 해류의 중심을 따라가고, 미국에서 우리나라 쪽으로 올 때에는 쿠로시오 해류를 멀리 벗어난 항로를 항해함으로써 항해 일수를 줄이고 있다.

새를 이용해 육지 찾기

바닷가에 둥지를 틀고 사는 새는 이른 아침에 먹이를 구하기 위해 먼 바다로 날아간다. 따라서 아침 일찍 새들이 나는 방향을 보면 날아오는 쪽에 섬이나 육지가 있다는 것을 알 수 있다. 또한 저녁 무렵에는 새들이 자기 집으로 돌아가므로 날아가는 쪽에 섬이나 육지가 있다는 것을 알 수 있는데, 새는 300미터 이상 높이 날아 돌아가는 습성이 있다.

그림 8 이집트 고분에서 발견된 배 그림

그림 8은 이집트 고분에서 발견된 벽화의 일부분이다. 이 그림을 보면 배의 앞에 새가 그려져 있는데, 이는 고대인이 항해술에 새를 이용했다는 명백한 증거이다.

먼 바다로 나갔을 때 해가 떠 있으면 동서남북을 구별할 수 있지만, 안개나 구름이 끼어 있으면 육지가 보이지 않고 동서남북 방향뿐만 아니라 출발한 곳이 어느 쪽인지도 구별이 안 된다. 이때 배에 싣고 온 새를 이용해 방향을 측정했고, 새로운 섬을 찾고자 할 때에도 새를 이용했다.

하늘 높이 나는 새가 볼 수 있는 거리는 조그만 배 위에서 사람이 볼 수 있는 거리와는 비교할 수 없을 만큼 멀다. 이처럼 새는 먼 곳에 있는 육지도 볼 수 있으므로, 새가 육지를 향해 날아갈 때 그 방향으로 배를 저어 가면 육지에 닿게 될 것이다. 이 방법이 어느 정도 유효한지 그림 9를 보며 계산해 보자.

옛날의 통나무배 정도라면 배 위에 일어서도 눈의 높이

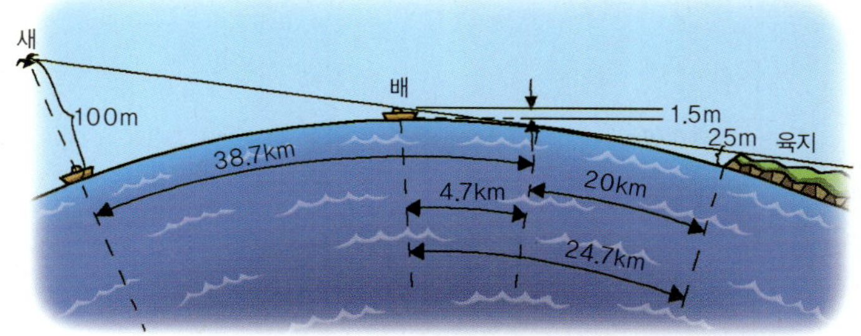

그림 9 새와 사람이 육지를 볼 수 있는 거리의 비교

가 수면으로부터 2미터 이하일 것이다. 그 높이가 대략 1.5
미터라고 하면 파도가 없을 때 볼 수 있는 수평선까지의 거
리는 겨우 4.7킬로미터에 불과하다. 만약 해안의 언덕 높
이가 수면 위로 25미터라면 약 20킬로미터까지 더 볼 수
있다. 따라서 통나무배를 타고 바다로 나가 25킬로미터 정
도 멀어지면 육지가 보이지 않게 된다.

반면에 통나무배에서부터 바다 쪽으로 약 34킬로미터
를 더 멀리 나가 새를 날린다고 하자. 그 새가 100미터 정
도 높이 날아올랐다면 새가 언덕을 볼 수 있는 거리는 약
59킬로미터까지 멀어진다. 즉, 100미터 높이 올라간 새는
사람보다 34킬로미터를 더 멀리 볼 수 있다. 만약 새가
300미터까지 날아올라간다면 볼 수 있는 거리는 약 87킬

로미터로 늘어난다.

콜럼버스가 돛대의 높은 곳에 망루를 만들고 그곳에 선원을 배치해 육지를 먼저 발견할 수 있게 한 것도 눈의 높이를 높게 하면 더 멀리 보게 되는 원리를 이용한 것이다.

여러분도 바닷가에서 수평선을 바라보며 '수평선까지의 거리는 얼마나 될까?' 생각해 봤을 것이다. 이때 중요한 것은 수면으로부터의 눈높이다. 눈높이의 제곱근의 약 두 배가 수평선까지의 해리(해상마일)이다(40쪽에 해리에 대한 자세한 설명이 나온다). 이 거리 단위를 킬로미터로 고치려면 1해리가 1,852미터이므로 1.85배, 즉 약 두 배를 해 주면 된다. 자신의 키가 170센티미터이고 바로 물가에 서 있다면 1.7의 제곱근이 약 1.3(1.3×1.3≒1.7)이므로 자신이 볼 수 있는 수평선까지의 거리는 2.6해리가 된다. 그러니까 2.6해리의 1.85배인 약 4.8킬로미터까지 볼 수 있는 것이다.

태양과 별을 보고 동서남북 알기

뱃사람들은 낮에는 태양을, 밤에는 별을 이용해 방향을 알 수 있었다. 지구가 자전하기 때문에 태양은 동쪽에서 떠서 정오에 남쪽을 지나 서쪽으로 지는 것처럼 보인다. 따라서 낮에는 시간에 따른 태양의 위치로 방위를 알 수 있다. 예를 들어 우리나라와 같은 북반구 중위도 지방에서 태양을 보면 오전 6시에는 태양이 동쪽에서 떠오르고 시간이 지날수록 태양의 고도(천체가 수평선 또는 지평선과 이루는 각)가 높아지다가 정오에는 남쪽에 가장 높게 뜬다. 그리고 정오가 지나면 태양은 고도가 낮아지면서 서쪽으로 지는 것이다.

또한 북반구에서는 북극성을 보고 북쪽을 판단할 수 있다. 왜냐하면 북극성은 지구 자전축의 북극 바로 위에 있기 때문이다(북극성은 사실 지구의 북극 방향으로부터 1도 정도 떨어져 있다. 그러나 이 차이가 작으므로 지구의 북극 위에 있다고 할 수 있다). 그리고 북극성을 제외한 모든 별은 지구가 자

그림 10 하루 동안 태양의 움직임

전하기 때문에 동쪽에서 떠서 서쪽으로 지는 것처럼 보인다. 이때 별들은 지구 적도면과 평행하게(북극성 방향과 90도의 각도를 이루며) 움직인다.

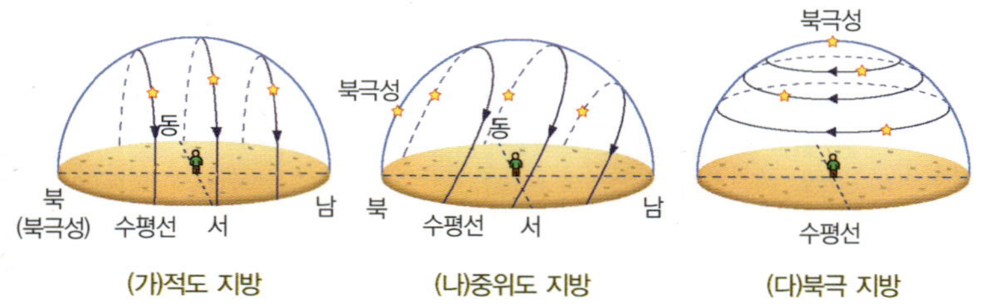

그림 11 위도에 따른 별의 움직임

특히 오리온자리의 가운데에 해당하는 세 개의 별은 적도 바로 위에 있으므로 지구상의 적도 위를 동쪽에서 서쪽으로 움직인다. 고대인은 이 사실을 알고 오리온자리의 가운데 별 세 개가 뜨는 곳을 동쪽, 지는 곳을 서쪽으로 생각했다.

한편 뱃사람들은 손가락을 이용해 각도를 측정했다. 수평선을 향해 한쪽 팔을 쭉 펴고 엄지와 검지를 수평 방향으로 벌려서 만든 '손가락

그림 12 오리온자리

28

각도기'를 사용했는데, 이때 엄지와 눈과 검지가 이루는 각도는 약 15도이다. 이는 태양이 1시간 동안 움직이는 각도이기도 하다. 만약 관측 시각이 오전 10시라면 태양에서 오른쪽으로(북반구의 경우) 손가락 각도기 두 개분(약 30도)이 가리키는 곳이 두 시간 후에 태양이 있게 될 정남쪽이다.

북반구의 저위도나 남반구에서는 북극성이 보이지 않으므로 남십자성을 이용한다. 남십자성의 '十'자의 세로 방향이 남북 방향을 가리키므로 이를 이용해 방위를 알아냈다.

자연과 천체를 이용한 방위 알아내기

앞서 말했듯이 옛사람들은 오늘날과 같이 방위를 360도로 나누어 정확하게 알지는 못했지만 낮에는 태양을, 밤에는 북극성을 비롯한 별을 이용해 방위를 판단했다. 해가 뜨는 쪽을 동쪽으로 알고 동쪽을 바라보고 있을 때 왼쪽이 북쪽, 오른쪽이 남쪽, 뒤쪽이 서쪽이라고 구별했으며, 밤에는 북극성을 바라보며 북쪽을 알아낸 것이다. 이는 오늘날에도 이용할 수 있는 방법이다.

또한 항해 중 섬에 상륙한다면 나무를 보고 방위를 짐작할 수 있다. 나무의 남쪽 부분이 북쪽 부분보다 햇빛을 많이 받아 잘 자라기 때문이다. 즉, 나무의 남쪽 부분은 나

뭇가지가 많고 길게 뻗어 있다.

나침반을 이용한 방위 알아내기

나침반은 중국에서 만들어져 아라비아 상인들이 유럽에 전했으며, 12세기경에는 배에서 사용한 기록이 있다. 나침반에서 중심을 지지한 자침을 보면 항상 남북 방향을 가리킨다. 이처럼 나침반은 방위를 알려 주어 배의 항로를 정하는 기준이 되기에 매우 중요한 항해 기구이다.

나침반의 자침이 남북을 가리키는 모습을 통해 지구가 그림 13의 (가)처럼 하나의 커다란 자석이며, 여기서 방출되는 자기력의 영향을 받는다고 생각할 수 있다. 나침반의 자침이 정지하는 방향이 바로 지구 자기의 극 방향이다.

그런데 지구 자기의 축은 지구의 자전축 방향과 일치하지 않는다. 즉, 자침의 N극이 가리키는 북쪽(자북)은 지리상의 북극(진북)과 일치하지 않는다. 이렇게 자북과 진북이 이루는 각을 편각이라고 한다.

처음에는 항해사들이 나침반을 잘 믿지 않았는데, 편각으로 인해 가리키는 방향이 달랐기 때문이다. 나중에 편각의 존재가 밝혀지고 각 지역의 편각 크기가 측정된 후에는

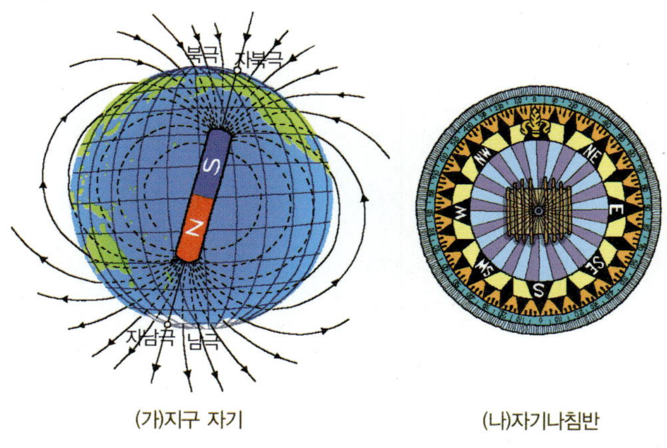

(가)지구 자기   (나)자기나침반

그림 13 지구 자기와 나침반의 구조

편각을 더하거나 빼서 진짜 방위를 알 수 있었다.

그림 13의 (나)는 자기나침반의 모양을 나타낸 것이다. 가운데에 여러 개의 막대자석을 일렬로 연결해 붙였는데, 그 붙인 판이 자유롭게 돌아갈 수 있도록 물 위에 띄워 놓으면 막대자석이 지구 자기의 남북 방향을 가리킨다.

자이로컴퍼스를 이용한 방위 알아내기

자이로컴퍼스는 그림 14의 (가)와 같이 자이로gyro축(회전축)과 그 회전축을 지지하는 축(수평축) 그리고 수평축을 지지하는 수직축으로 구성된다. 이 중 빠른 속도로 회전하는 바퀴(자이로)의 축은 외부에서 힘이 가해져도 일정한 방향을 가리키는 성질이 있다. 즉, 세 개의 축에 대해 자유로운 바퀴를 빠르게 회전시키고 그림 14의 (나)와 같이 자이로컴퍼스 전체를 기울여도 자이로축은 기울어지지 않고 일정한 방향을 가리킨다. 처음에 자이로축이 북쪽을 가리키도록 한 후, 자이로를 빠르게 회전시키면 지구가 자전해 자이로컴퍼스가 기울어져도 자이로축은 계속해서 북쪽을 가리키는 것이다.

이는 마치 팽이가 돌고 있을 때에는 서 있지만 멈추면 넘어진다든지, 자전거를 세워 놓으면 넘어지지만 굴러갈 때에는 넘어지지 않는 원리와 비슷하다.

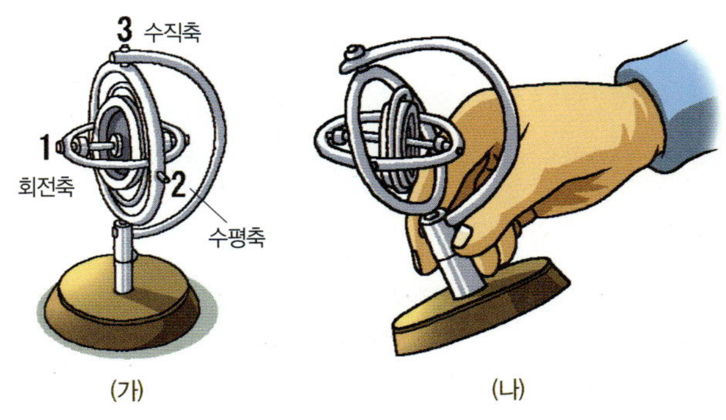

그림 14 자이로컴퍼스의 원리

이처럼 자이로컴퍼스를 이용하면 진북의 방향을 알 수 있으므로 자북을 가리키는 나침반과 달리 편각으로 인한 방위차가 생기지 않는다. 오늘날 대양을 항해하는 선박들은 나침반과 함께 자이로컴퍼스를 이용해 방위를 측정한다.

상대방위와 진방위는 어떻게 다를까?

방위에는 상대방위와 진방위 두 가지가 있다. 이 중 상대방위는 우리 배가 어느 방향을 향하고 있든지 배의 머리 방향(선수 방향)을 기준으로 측정한 각도이고, 진방위는 지리상의 북극을 0도로 하여 측정한 각도이다.

상대방위는 선수 방향을 0도로 하여 시계 방향으로 360도까지 측정한다. 그러나 때로는 편의상 선수 방향으로부터 왼쪽이나 오른쪽으로 180도까지 측정하기도 한다. 진방위는 지리상의 북극을 기준으로 시계 방향으로 0도에서 360도까지 나타낸다. 따라서 어떤 물체에 대한 방위는 우리 배의 선수 방향이 바뀌면 그에 따라 상대방위도 바뀌지만, 진방위는 선수 방향과 관계없이 항상 일정하다. 이런 방위를 알아내는 데 나침반과 자이로컴퍼스를 이용한다.

그림 15는 우리 배가 점선 화살표 방향으로 나아간다

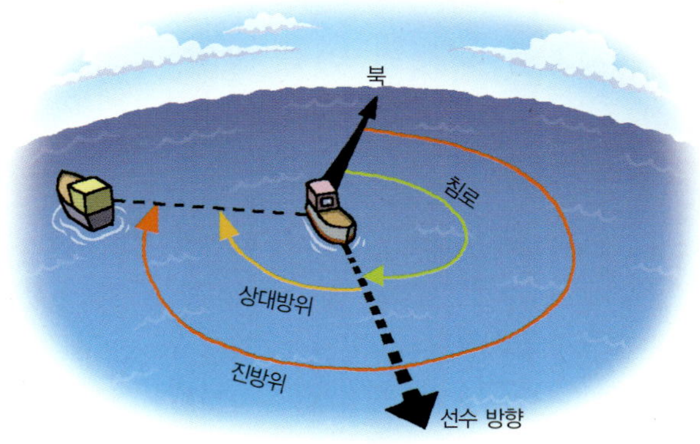

그림 15 상대방위와 진방위(침로는 항로의 방위를 뜻한다)

고 할 때 옆을 지나가는 배의 상대방위와 진방위를 나타낸 것이다.

손목시계를 이용해 남쪽 찾기

손목시계를 이용하면 남쪽을 알 수 있다. 손목시계를 수평으로 놓고 현재의 시를 가리키는 짧은 바늘(시침)이 태양을 향하도록 한다. 이때 시침과 시계의 12시 방향이 이루는 각을 이등분하는 선이 남쪽을 가리킨다. 이것은 나침반이 없을 때 방위를 아는 데 매우 유용한 방법이다. 다음 그림 16을 보면서 그 원리를 확인해 보자. 현재 시각이 오후 3시라면 남쪽은 시침에서 왼쪽으로 45° 방향이다. 만약 정각 3시가 아니라 3시 30분이라면 그때의 시침 방향(3시와 4시의 중간)이 태양을 향하도록 하면 된다.

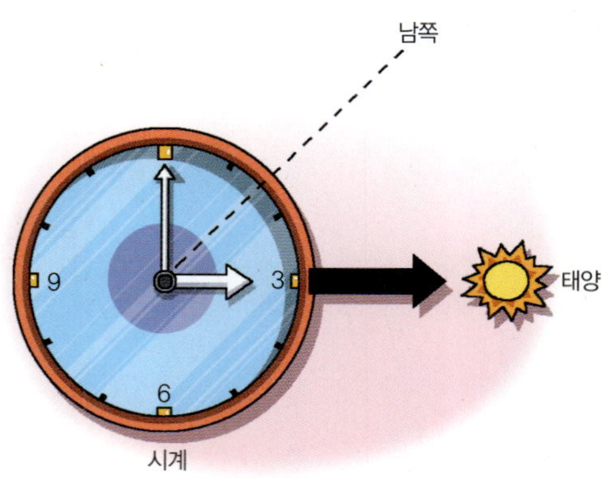

그림 16 손목시계를 이용한 방위 알기의 원리

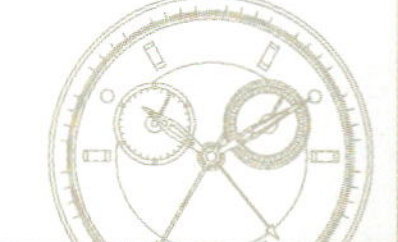

바다에서 고도를 측정하는 방법

　태양이나 북극성을 이용해 배의 위치를 확인하기 위해서는 지구가 자전하면서 시시각각 바뀌는 태양이나 북극성의 고도를 측정해야 한다. 고도를 측정할 때 처음에는 엄지와 검지를 이용했다. 그림 17과 같이 팔을 뻗고 엄지와 검지를 쫙 벌려서 엄지의 끝을 수평선에 대고 눈으로 보면 수평선과 눈과 검지 끝의 각도가 약 15도를 이룬다.

　시간이 지나 그림 18과 같은 항해용 직각기^{cross staff}가 만들어졌다. 직각기의 구조는 간단하다. 가로 막대에 구멍을 뚫고 긴 막대기에 넣어 앞뒤로 움직이도록 한다. 긴 막

그림 17 손가락을 이용한 각도 재기

그림 18 직각기의 원리

대기는 길이가 75~90센티미터 정도이며, 긴 막대기의 각 면에는 고도의 눈금이 새겨져 있다. 사용할 때에는 적당한 가로 막대를 선택해 긴 막대기에 꽂고 앞뒤로 움직이며, 가로 막대의 아래 끝이 수평선에 닿도록 하고 위 끝을 천체에 맞추어 고도의 눈금을 읽는다. 이 기구는 1498년 포르투갈 함대가 최초로 인도양을 건널 때 고용한 아라비아인 도선사가 처음 사용했다. 또한 아스트롤라베astrolabe, 사분의四分儀 등이 만들어져 사용되다가 요즘에는 그림 19

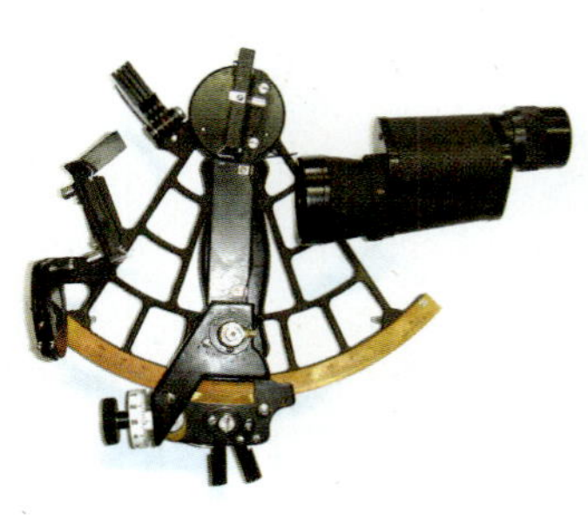

그림 19 육분의와 망원경

와 같은 육분의六分儀, sextant라는 정교한 기구를 사용하고 있
다. 그러나 육분의 역시 인공위성을 이용한 항법 등이 개발
되면서 예전처럼 많이 사용하지는 않는다.

4부

배의 속도 측정하기

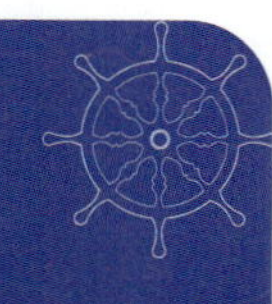

1해리는 얼마만한 거리인가?

항해하는 배의 속도를 구하기 전에 먼저 바다에서 사용하는 거리 단위를 살펴보자. 바다에서는 거리의 단위로 미터(m)나 킬로미터(km)를 쓰지 않고 '해리海里'라는 단위를 사용한다. 왜 그럴까?

그림 20을 보면 경도는 위도가 높아짐에 따라 간격이 좁아지기 때문에 거리를 재는 기준 자[尺]로 사용할 수 없다. 그러나 위도는 지구의 어느 지역에서나 간격이 일정하다(59쪽에 경도와 위도에 대한 자세한 설명이 나온다).

지구의 둘레는 약 40,007킬로미터이므로 이를 360도로 나누면 위도 1도의 길이는 약 111.13킬로미터가 된다.

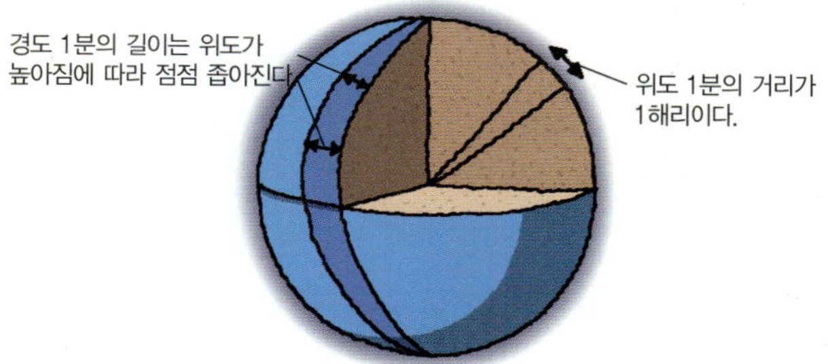

그림 20 위도와 해리의 관계

1도($°$)는 60분($′$)이므로 이를 다시 60으로 나누면 약 1,852 미터가 되는데, 이 값이 '위도 1분에 해당하는 거리'인 1해리이다. 지구 둘레의 길이는 나라마다 조금씩 다르게 계산하므로 1해리의 값에 미세한 차이가 있으나, 우리나라 에서는 1,852미터가 1해리의 값이다. 이와 같이 위도 1분 의 거리를 1해리로 나타내므로 바다에서는 킬로미터보다 해리를 사용하는 것이 훨씬 편리하다.

모든 해도海圖(바다 지도)의 세로축에는 위도가 표시되어 있으므로, 해도에서 어떤 두 지점 사이의 거리를 알고자 할 때에는 위도의 눈금을 자로 이용한다. 컴퍼스나 디바이더 로 두 지점을 찍어 그 간격을 해도의 위도에 대면 거리를 알 수 있는 것이다.

나무토막으로 배의 속도 알아내기

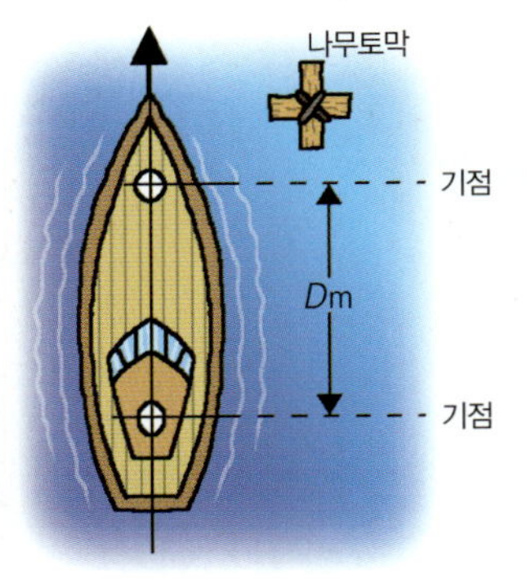

그림 21 나무토막을 이용한
배의 속도 측정

처음에 선원들은 항해 중에 배 옆으로 지나가는 해조의 움직임으로 배의 속도를 짐작했으나, 그 후 나무토막을 이용해 속도를 계산하기 시작했다. 그림 21과 같이 배의 앞부분과 뒷부분에 기점을 정하고 그 사이의 거리 D(미터)를 정확히 잰 다음, 나무토막을 뱃머리의 약간 비스듬히 앞쪽으로 던져 물에 떨어진 나무토막이 기점 사이를 통과하는 시간을 재면 배의 속도를 알아낼 수 있다. 나무토막은 너무 가볍지 않은 것을 사용하고, 던지는 거리는 배에서 너무 가깝지 않아야 한다. 나무토막이 기점 사이를 통과하는 데 T(초)가 걸렸다면 속도는 다음과 같이 계산된다.

$$\text{속도(노트)} = D\text{(미터)} / T\text{(초)} \times 3{,}600/1{,}852$$

이때 배에서 사용하는 속도 단위인 1노트[knot]는 '배가

42

1시간에 1해리만큼 나아간 빠르기'를 말한다. D/T는 1초 동안 이동한 거리를 의미하므로 여기에 1시간(3,600초)을 곱하면 시속이 되고 1해리는 1,852미터이므로 1,852로 나눈 것이다.

오늘날 배의 속도를 측정하는 장치를 로그Log라고 하는데, 이는 예전에 사용했던 나무토막log에서 유래한 것이다.

배의 속도는 왜 '노트'라고 할까?

예전에는 그림 22와 같이 부채꼴 모양의 나무판을 줄로 연결해 배의 뒤쪽 물에 던져 흘려보냈다. 줄에는 하얀 천 조각을 이용해 7미터 간격으로 매듭을 지어 놓았다. 첫 번째 하얀 천 조각이 배 옆을 통과할 때 14초짜리 모래시

그림 22 수동 속도계로 속도를 측정하는 모습

계를 엎어 놓는다. 그리고 모래가 다 흘러내렸을 때 줄을 정지한다. 그때 배 옆에 정지한 매듭이 몇 번째 천 조각인지 확인하면 배의 속도를 알 수 있다.

다음 식에서 보는 바와 같이 14초 동안 약 7미터를 가면 배의 속도는 1노트이기 때문이다. 배의 속도를 나타낼 때 사용하는 노트라는 단위는 천 조각을 묶어 만든 매듭을 의미하는 노트knot에서 유래한 것이다.

$$배의 이동 거리 = 14(초) \times 1,852/3,600$$
$$\fallingdotseq 7.2(미터)$$

즉, 14초짜리 모래시계의 모래가 다 흘러내렸을 때 한 매듭이 지나가면 1노트이고 두 매듭이 지나가면 2노트이다.

위의 식을 활용하면 소형선에서 낚싯줄을 이용해 배의 속도를 알 수도 있다. 보통의 시계로 10초를 잴 때에는 천의 간격을 약 5.14미터, 20초를 잴 때에는 천의 간격을 약 10.28미터로 하면 된다.

여기서 잠깐 생각해 보자. 콜럼버스가 서인도 제도를 발견할 당시에는 대서양 한가운데에서 어떤 방법으로 시간을 쟀을까? 콜럼버스의 배에서는 30분짜리 모래시계로 시간을 계산했다. 배는 밤낮없이 항해하므로 선장 혼자서 배를 지휘할 수는 없다. 선장은 배의 총책임을 맡고 일등항해사, 이등항해사, 삼등항해사 등 세 명의 항해사가 낮에 4시간, 밤에 4시간 당직을 서면서 배의 안전과 운항을 책임진다. 이때 30분짜리 모래시계를 이용한다. 모래시계의 모래가 한쪽으로 다 흘러내리면 30분이 지난 것이고, 재빨리 뒤집어 놓고 다시 다 흘러내리면 또 30분이 지난 것이다. 이렇게 8번을 반복하면 4시간이 되므로 당직을 교대했다.

새로 만든 배의 속도 확인하기

조선소에서 완성된 배는 처음에 설계한 대로 속도가 나는지 확인해야 한다. 그림 23에서 속도를 측정할 때 기준이 되는 두 개의 기둥(마일포스트 milepost, 그림 23에서는 삼각형 모양으로 표시했다)이 겹쳐 보이는 선을 중시선이라고 하는데, 이 중시선 사이의 거리가 D(미터)일 때 이 사이를 T(초) 동

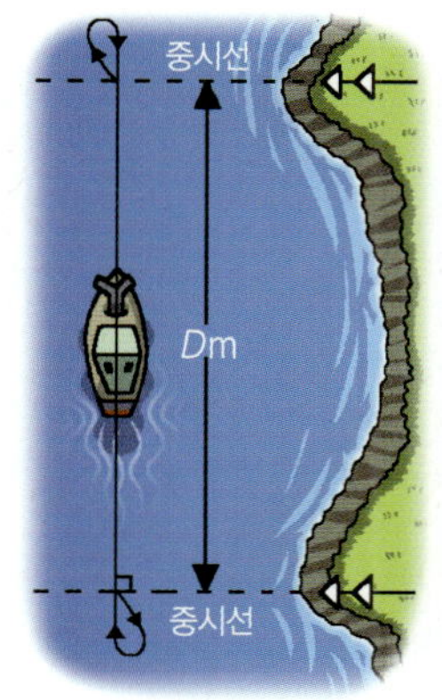

그림 23 마일포스트를 이용한 배의 속도 측정

안 통과했다면 이 배의 속도는 다음 식으로 구할 수 있다.

속도(노트) = D(미터) / T(초)×3,600/1,852

또한 이동 시간의 단위를 분으로 바꾼다면 배의 속도는 다음과 같이 구할 수 있다.

속도(노트) = D(미터) / T(분)×60/1,852

움직이는 물체와 배의 속도 비교하기

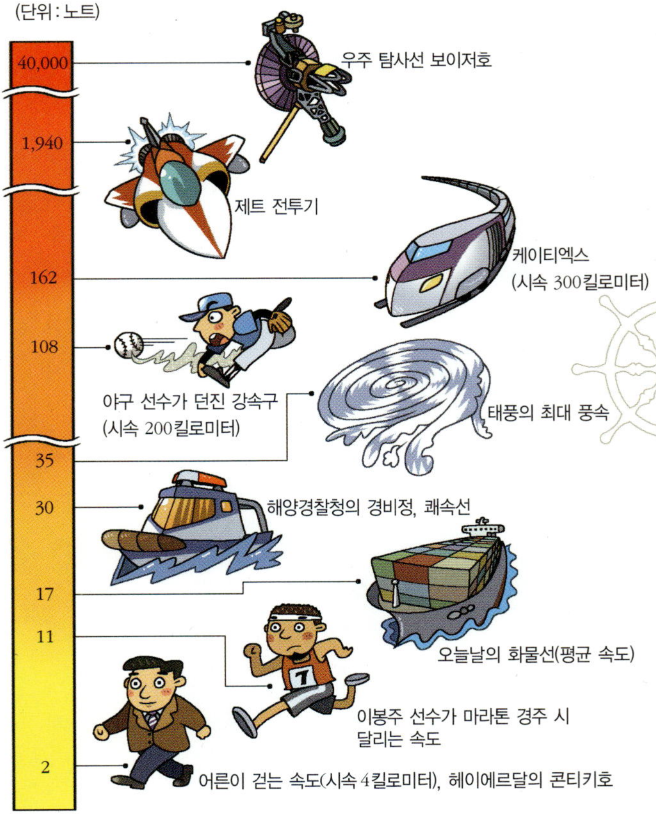

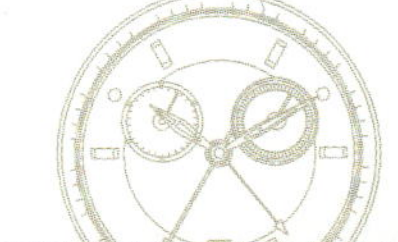

그림 24 여러 가지 물체의 속도

배의 크기를 나타내는 방법

배의 크기는 어떻게 나타내는 것이 가장 편리할까? 단순히 배의 길이로만 나타내면 폭이 넓은 배도 있으므로, 배가 길다고 해서 크다고 단언할 수는 없다.

그래서 화물을 싣지 않고 속도가 빨라야 유리한 군함은 배 전체의 무게를 톤(1톤=1,000킬로그램)으로 표시해 크기를 나타낸다. 보통 유조선이나 화물선은 화물을 얼마나 많이 실을 수 있는지가 중요하므로, 화물의 적재량으로 배의 크기를 나타낸다. 이 중 컨테이너선은 화물을 컨테이너 박스에 넣어 운반하므로, 실을 수 있는 컨테이너 박스의 개수로 배의 크기를 나타낸다.

현재 세계에서 가장 큰 유조선인 '헬레스폰트 알함브라호'는 약 45만 톤을 실을 수 있으며, 길이가 380미터, 폭은 68미터이다. 이 유조선은 우리나라의 기술로 만든 매우 자랑스러운 배이다. 이에 비해 콜럼버스가 아메리카를 발견할 때 탔던 산타마리아호의 적재 능력은 150톤이었고, 배의 길이는 23미터에 불과했다. 한편 이순신 장군이 만든 거북선의 길이가 약 34미터, 폭이 10미터 정도인 것을 고려하면 500년 정도 지나는 사이에 배가 얼마나 커졌는지 짐작할 수 있다.

바닷물의 색깔로 물의 깊이 알아내기

바닷물의 색깔은 바닷물에 흡수되거나 반사되는 햇빛의 양, 물 위나 물속에 떠다니는 물질 등에 의해 결정된다. 바닷물은 그 깊이(수심)가 깊을수록 짙은 색을 띠는데 군청색과 진한 하늘색은 상당히 깊은 경우이고, 연초록색은 수심 2미터 이하의 낮은 경우이다. 예전에는 항해 중 배 앞쪽에 연초록색 물이 나타나면 수심이 낮아 위험하므로 항로를 바꾸거나, 정지한 후 수심을 측정해야 했다. 영국의 쿡 선장은 남태평양을 탐험할 때 섬이 가까워지면 배에 싣고 다니는 작은 배를 먼저 보내 바다의 깊이를 확인한 후 조심스럽게 섬이나 육지에 접근했다고 한다.

수용측연으로 물 밑의 상태와 깊이 알아내기

배를 타고 낯선 곳을 탐험하거나 육지에 접근할 때에는 맹인이 지팡이로 앞을 확인하면서 걷듯이 물의 깊이를 확인하면서 항해해야 한다. 또한 닻을 내릴 장소를 찾을 때에는 물 밑의 흙이 모래인지 진흙인지 알아야 한다. 이때 사용하는 것이 그림 25와 같은 긴 줄로 연결한 납추(수용측연 手用測鉛)이며, 이것은 납으로 만든 추(3~6킬로그램)와 측심줄(46미터 이상)로 되어 있다. 납추의 밑에는 구멍이 있는데, 여기에 동물의 기름이나 그리스grease를 채워 넣는다. 물속으로 내려간 줄의 길이로 물의 깊이를 알고, 줄을 올렸을 때 그리스에 진흙이나 모래가 묻어 있는 것을 보고 물

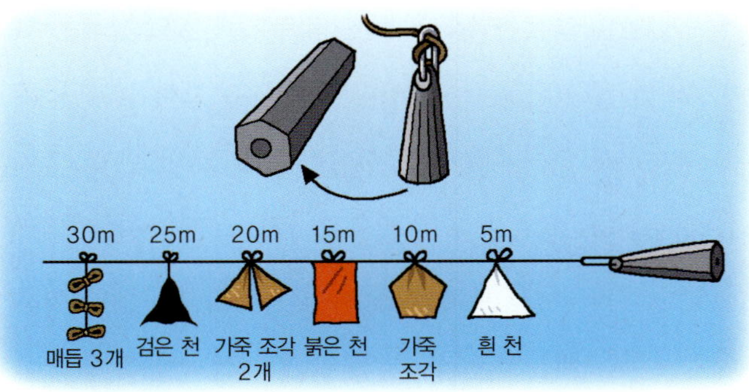

그림 25 수용측연과 물의 깊이를 표시하는 물체들

밑의 상태를 파악하는 것이다. 측심줄에는 5미터마다 여러 가지 표시가 있어, 이 표시의 색이나 모양에 따라 낮에는 물론 저녁에도 손으로 만져 보고 물의 깊이를 알 수 있다. 물 밑이 어떤 상태인지 잘 알려지지 않았던 시절에는 물 밑에 암초가 있을지도 모르기 때문에 육지 가까이에 가는 일이 매우 위험했다. 이때 가장 오래된 항해 기구 중 하나인 수용측연은 배의 안전을 위한 매우 유용한 정보를 제공했다.

초음파로 물의 깊이 측정하기

소리가 일정한 속도로 나아가다가 어떤 물체에 부딪히면 반사하는 성질을 이용해 물의 깊이를 측정해 보자. 우리가 들을 수 있는 소리는 그림 26의 (가)와 같이 사방으로 흩어지는 성질이 있으므로 수심을 측정하는 데에는 사용할 수 없다. 보통 물의 깊이를 측정하는 데 사용하는 초음파는 1초에 2만 번 정도 진동하는 것으로, 그림 26의 (나)와 같이 주위로 흩어지지 않고 한 방향으로 나아가는 성질을 갖고 있다. 따라서 일반적인 소리와 섞이지 않고, 물속에서 생기는 여러 가지 잡음에 방해받지 않으며 곧바로 나아간다. 이 원리를 이용한 수심측정장치는 초음파를 내보내는

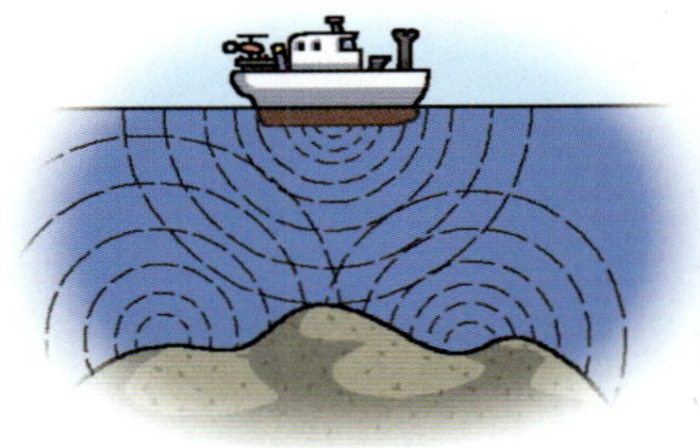

그림 26 가청음파와 초음파의 비교

송파기와 되돌아온 초음파를 받아들이는 수파기로 구성되며, 배 밑에 부착한다.

소리는 물속에서 1초에 1,500미터를 나아간다. 그러므로 송파기에서 발사한 초음파가 해저에서 반사해 다시 수파기로 되돌아오는 데 걸리는 시간을 측정하면 물의 깊이를 알 수 있다. 다음 식을 이용해 물의 깊이를 구해 보자. 속도에 이동 시간을 곱하면 이동 거리가 되는데, 배에서는 초음파가 해저까지 갔다 온 왕복 시간을 측정하므로 2로 나눈다. 예를 들어 초음파의 왕복 시간이 6초라면 물의 깊이는 4,500미터이다.

$$수심(미터) = 1,500(미터/초) \times 초음파의\ 왕복\ 시간(초) \times \frac{1}{2}$$

6부
해도에 담긴 다양한 바다 정보

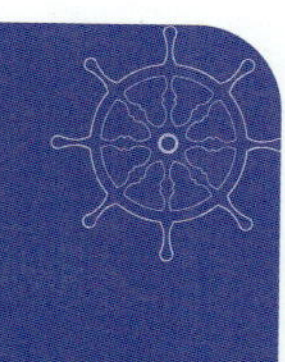

해도는 육지의 지도와 어떻게 다를까?

육지에서 목적지를 찾아갈 때 지도가 필요하듯이 바다에서 항해를 할 때에는 '바다의 지도'인 해도가 필요하다. 해도에는 바다에서 보이는 육지의 일부나 항해의 목표가 되는 해안의 모양과 높낮이, 뚜렷한 물체 등을 그리며 바다에서 보이지 않는 내륙의 지형은 그리지 않는다. 또한 바다의 깊이, 바다 밑바닥 흙의 종류, 암초가 있는 곳, 등대의 위치, 물의 흐름 상태 등 항해에 필요한 내용을 자세히 기록한다.

우리는 모르는 지역에서 지도를 보고 자신의 위치와 목적지의 방향, 그리고 어느 길로 가면 가깝고 편할지를 판단

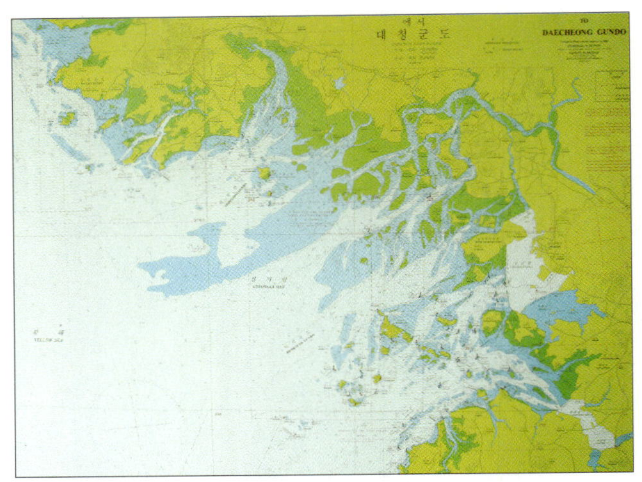

그림 27 여러 가지 정보를 담고 있는 해도

한다. 마찬가지로 바다에서 목적하는 항구로 가고자 할 때에는 해도에서 현재 위치를 파악하고, 목적지를 향해 몇 도 방향으로 가야 하는지, 그곳까지의 거리는 얼마인지, 도중에 바다의 깊이가 낮아서 위험한 곳은 없는지, 암초 같은 장애물은 없는지 등을 조사한다. 그리고 배가 정박하고자 할 때에도 해도를 이용해 물의 깊이가 몇 미터인지, 닻을 놓기에 적합한지, 주위에 방해물은 없는지 등을 알아낸다. 따라서 해도는 항해 시 필수품이라고 할 수 있다.

측량 기술이 발달하지 않았던 시절에는 정보가 부족해

정확한 해도를 만들 수 없었으므로 배가 암초에 부딪혀 난파되는 등 많은 사고가 일어났다.

해도의 종류에는 무엇이 있을까?

해도는 만드는 방법과 용도에 따라 여러 종류가 있으나 여기서는 항해 시 많이 이용하는 평면도와 점장도에 대해서만 알아보자.

평면도 지구 표면은 구면^{球面}이므로 평평한 종이 위에 실제와 똑같이 그리는 것은 불가능하다. 마치 귤껍질을 벗겨서 평평한 곳에 반듯하게 펼 수 없듯이 말이다. 하지만 항구나 좁은 수역은 구면과 평면의 차이가 거의 없으므로, 평면이라고 생각하며 그린 지도가 평면도이다.

점장도 넓은 지역은 평면으로 그리면 실제 모양(구면)과 너무 많이 달라지므로 점장도를 그려 나타낸다. 점장도는 그림 28과 같이 종이 원통을 만들어 지구에 씌우고, 지구 중심에서 불빛을 비추어 종이에 비쳐진 대로 그린 것이다. 즉, 적도상의 경도 간격을 기준으로 하여 평행인 경도선을 그린다.

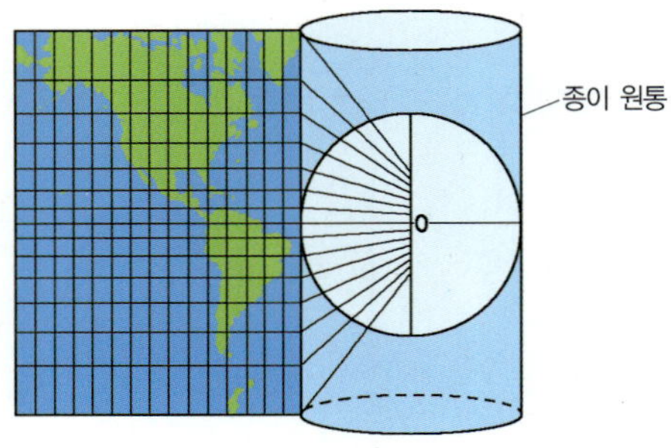

그림 28 점장도를 그리는 원리

따라서 실제로는 적도 지방에서 극지방으로 갈수록 경도선 사이의 간격이 좁아지지만, 점장도에서는 경도선을 평행하게 그리므로 고위도로 갈수록 경도선 사이의 간격이 실제보다 넓어진다.

그리고 실제로 위도선 사이의 간격은 어디에서나 일정하지만, 점장도에서는 위도가 높아짐에 따라 넓어지는 경도의 비율만큼 위도선 사이의 간격도 넓게 해 준다.

이와 같이 점장도는 적도 지방에서 극지방으로 갈수록 확대되는 비율이 커지기 때문에 실제와 다르게 보이는 단점이 있다. 위도가 높은 지역인 시베리아나 캐나다는 원래 넓기도 하지만, 점장도에서는 실제보다 확대되어 그려지기 때문에 더욱 넓게 보인다.

56

그러나 점장도에는 출발점과 도착점을 잇는 배의 항로가 직선으로 그려지는 장점이 있어 항해하는 데 매우 편리하므로, 항해용 해도는 모두 점장도를 사용한다.

우리 집은 어디에 있을까?

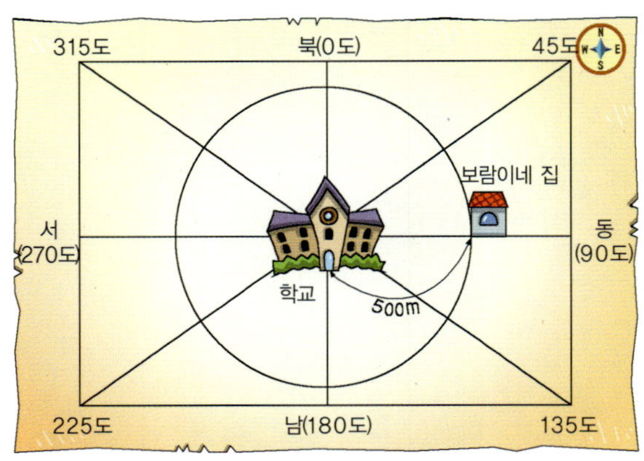

그림 29 보람이네 집의 위치 표시하기

그림 29는 보람이네 집의 위치를 나타낸 약도이다. 보
람이가 생일날 같은 반 친구들을 집으로 초대하려고 한다

면, 자신의 집을 알려 주는 여러 가지 방법이 있겠지만 이 약도를 그려 주면 좋을 것이다. 그림 29를 보면 보람이네 집이 학교에서 동쪽(90도)으로 500미터 떨어져 있다는 사실을 한눈에 알 수 있기 때문이다. 이와 같이 누구나 알고 있는 확실한 물체를 기준으로 하여 방향과 거리를 알려 주면 목적지를 찾아갈 때 편리하다.

위도와 경도로 배의 위치 표시하기

배의 위치를 정확하게 아는 것은 앞으로 배가 어디로 가야 할지 정하기 위해서 대단히 중요한 일인데, 지구 위에서는 배의 위도와 경도를 알면 그 배가 지금 어디에 있는지 쉽게 알 수 있다.

위도는 지구상의 남북을 세로로 할 때 가로에 해당하는 좌표이다. 위도는 그림 30의 (가)와 같이 적도를 기준으로 하며, 적도에서 멀어질수록 그 값이 커진다. 북반구와 남반구 각각에서 적도에서 극까지 90도로 나누므로 북반구에서는 0도에서 북위 90도, 남반구에서는 0도에서 남위 90도까지 나타낸다.

다음으로 경도를 알아보자. 자오선이란 간단하게 설명

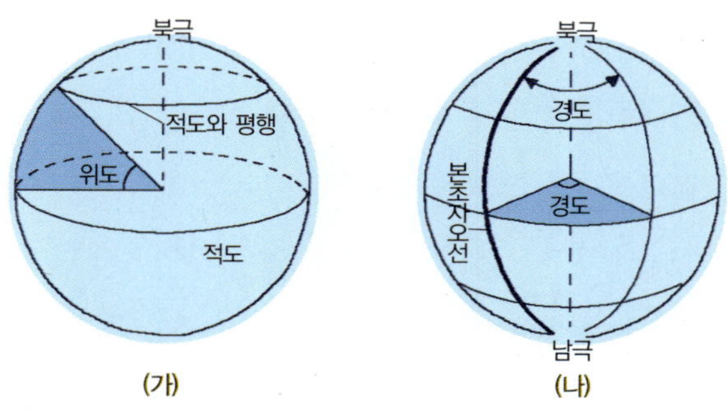

그림 30 위도와 경도

하면 그림 30의 (나)에 그려진 것처럼 지구상의 남극과 북극을 잇는 선인데, 수많은 자오선 중에 영국의 그리니치 Greenwich 천문대를 지나는 자오선을 본초자오선이라고 한다. 그리고 이 본초자오선에서 동쪽과 서쪽으로 0도에서 180도까지 나타낸 좌표가 경도이다. 예를 들어 본초자오선에서 동쪽으로 120도 떨어진 지역은 동경 120도, 본초자오선에서 서쪽으로 120도 떨어진 지역은 서경 120도라고 표현한다.

지구본을 보면 가로줄과 세로줄이 표시되어 있는데, 가로줄은 위도를 나타내고 세로줄은 경도를 나타낸다.

나침반으로 배의 위치 알아내기

해도에는 등대나 산꼭대기 등의 위치(위도와 경도)가 표시되어 있다. 따라서 나침반을 이용해 그 위치를 알고 있는 등대의 방위를 측정하면, 그곳으로부터 몇 도 방위에 배가

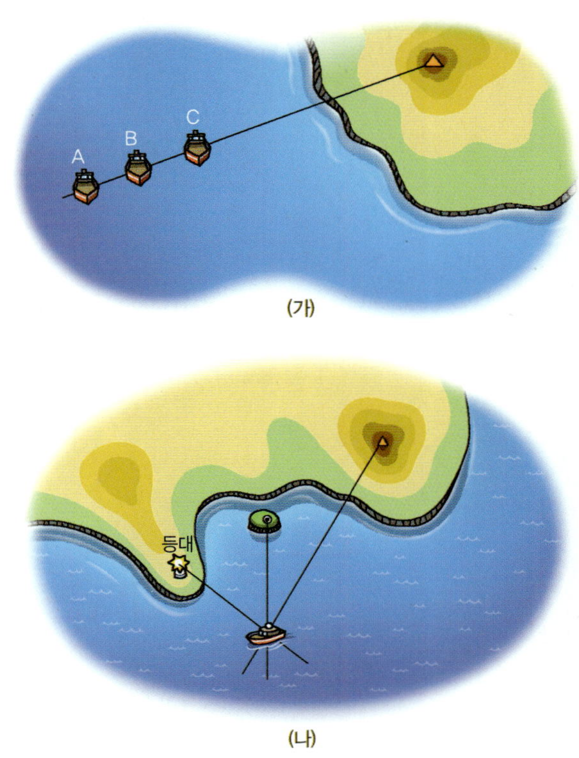

그림 31 나침반으로 배의 위치 알아내기

있는지 알 수 있다. 그러면 해도에서 그 등대를 찾아 측정
한 방위에 해당하는 선을 긋는다. 이 선을 '위치선'이라고
한다.

어느 산꼭대기의 방위가 진북을 기준으로 80도로 측정
되었다고 하자. 80도에 해당하는 선을 산꼭대기로부터 그
으면 그 선 위의 어딘가에 배가 있게 된다. 또한 그림 31의
(가)와 같이 A, B, C 세 척의 배가 모두 산꼭대기의 진방위
를 80도로 측정했다면 그 배들은 모두 일직선상에 있게 되
는 것이다.

이런 위치선이 그림 31의 (나)와 같이 두 개 또는 세 개
가 모이면 해도 위에서 그 교점을 찾아 배의 위도와 경도를
알 수 있으므로 배의 위치가 결정된다.

8부

콜럼버스와 마젤란의 항해술

콜럼버스는 어떻게 아메리카를 발견했을까?

콜럼버스가 항해하던 15세기 말과 16세기 초 사이에는 포르투갈이 아프리카 남쪽을 지나 인도로 가는 항로를 장악하고 있었기 때문에 스페인은 이 항로를 이용할 수 없었다. 그래서 스페인의 이사벨 여왕은 콜럼버스에게 세 척의 범선을 지원해 주며 대서양을 건너 인도로 가는 항로를 찾도록 했다. 그 당시에는 지구가 둥글다는 사실이 알려져 있었기에 반대 방향으로 가도 인도에 도착할 수 있다고 믿었다. 그러나 콜럼버스는 인도가 아닌 아메리카에 도착해, 죽을 때까지도 그곳을 인도라고 믿었다. 그 후에 아메리고 베스푸치Amerigo Vespucci 선장이 그곳은 인도가 아닌 새로운 대륙이라는 사실을 밝혔다. 그래서 그의 이름을 따서 '아메리카'라고 부르게 된 것이다. 또한 아메리카의 원주민을 '인도 사람'이라는 뜻의 인디언^{Indian}이라고 하는 것은 콜럼버스가 자신이 도착한 곳을 인도로 알고 그들을 인디언이라고 부른 데에서 유래한다.

콜럼버스는 출발 지점에서 몇 시간 동안 항해한 후에 나아간 방향과 속도를 이용해 현재의 위치를 알아내는 방법으로 항해했다. 예를 들어 그림 32의 A지점에서 B지점으로 항해하는 데 북쪽에서 70도 방향으로 10노트의 속도로 항해했다면 1시간 후의 위치는 출발한 지점으로부터 70도 방향으로 1시간에 항해한 거리인 10해리 지점이 될 것이며, 2시간 후의 위치는 70도 방향으로 20해리 지점이 될 것이다. 이와 같이 배가 나아가는 방향과 속도만으로 배의

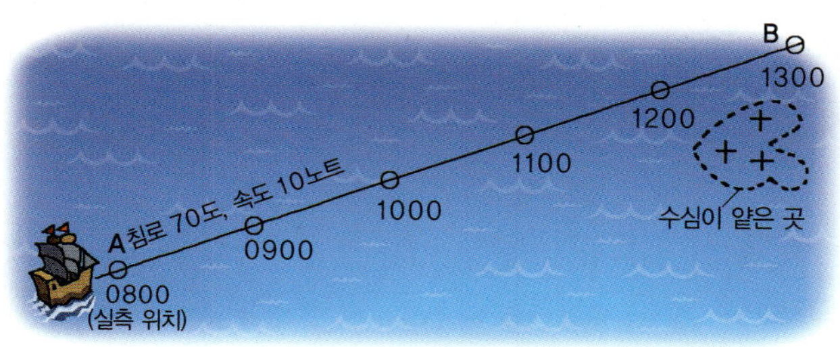

그림 32 추측항법(0800은 8시 정각을 나타낸다)

위치를 추측하는 방법을 추측항법이라고 한다.

그러나 바다에는 해류海流와 조류潮流뿐만 아니라 바람도 있기 때문에 배는 계기에서 나타내는 방향과 다른 방향으로 밀릴 것이며 속도도 달라진다. 따라서 추측항법을 이용하면 시간이 지날수록 오차가 커져 위치가 점점 부정확해지는 단점이 있다. 더구나 콜럼버스가 항해할 당시에는 배의 속도를 측정하는 방법이나 시계 등이 정확하지 않았기 때문에 배의 위치가 실제와 많이 달랐다. 그러나 이 추측항법은 오늘날에도 유용하게 쓰이고 있다.

옛날 우리 선조들도 이런 방법으로 항해를 했다. 해가 뜨고 지는 모습을 보면서 동서남북을 구별했고, 서쪽으로 가면 중국이 있다는 사실을 알고 바람의 세기를 가늠해 며칠 정도 가면 중국에 도착하리라 생각하며 항해한 것이다. 물론 예측한 방향이나 속도에 차이가 나서 전혀 엉뚱한 곳에 도착하는 경우도 있었지만 말이다. 이런 경우에는 큰 배에 싣고 다니는 작은 배를 내려 육지에 올라가 "여기가 어디냐?"라고 물어본 후 그곳에서 다시 방향을 잡아 목적지를 찾아갔다.

항해 목적지로 향하는 또 다른 방법은 북극성을 이용하

는 것이다. 먼 바다로 나가면 육지가 보이지 않아 육지의 생김새나 물체를 이용할 수 없으므로 이때에는 하늘의 태양이나 별을 이용해 위치를 확인했다. 그 대표적인 방법이 북극성의 고도를 측정해 배의 위도를 아는 것이다.

그림 33의 (가)와 같이 내가 북극에 있다면 북극성은 머리 위에 있을 것이며, 수평선에서 그 고도를 재면 90도가 될 것이다. 즉, 북극성의 고도는 내가 서 있는 위도와 같은 90도임을 알 수 있다. 마찬가지로 위도 45도 지방에서 북극성의 고도를 측정하면 수평선과 45도를 이룬다. 그리고 적도(위도 0도)에서는 수평선상에 북극성이 보이는데, 이는 북극성의 고도가 0도임을 뜻한다. 그림 33의 (나)는 그 원리를 간단하게 보여 준다. 이와 같이 관측 지점에서의 북극성 고도는 그 지점의 위도와 같으므로, 배의 위도를 모르는 곳에서는 북극성의 고도를 측정해 위도를 알 수 있다.

오늘날에는 더 편리하고 정확한 여러 가지 방법이 개발되어 이 방법은 거의 사용하지 않지만, 콜럼버스나 마젤란에게는 아주 유용했다. 이 방법의 단점은 하늘에 구름이 많거나 안개가 끼면 사용할 수 없다는 점이다. 그럴 때에는 추측항법으로 위치를 추측할 뿐이었다.

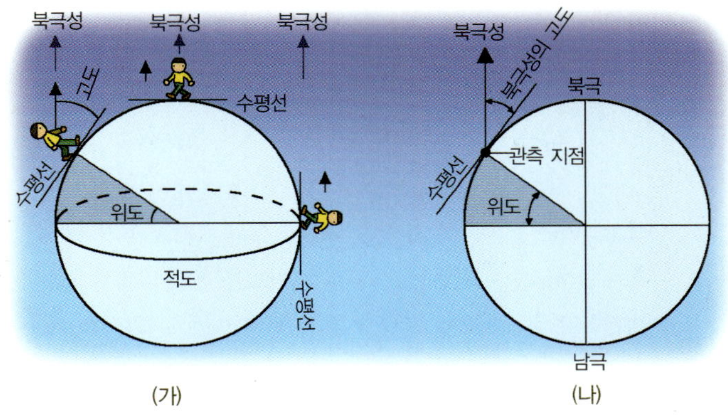

그림 33 북극성의 고도를 이용한 위도 구하기

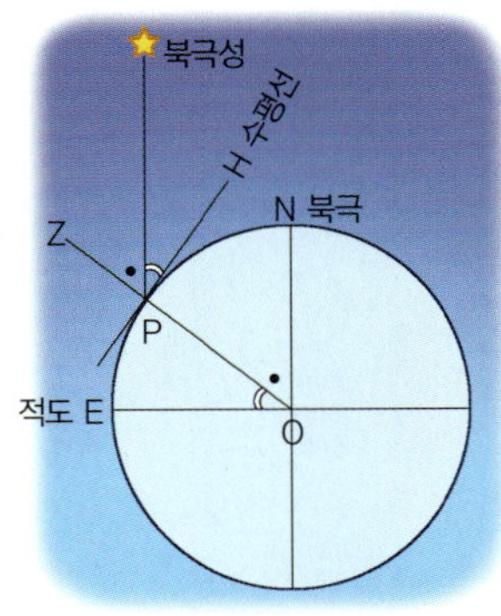

그림 34 북극성의 고도를 이용한 위도 구하기의 원리

NO선과 ★P선이 평행이므로 ∠NOP=∠★PZ(동위각)이다. 그리고 ∠ZPH와 ∠NOE는 직각을 이루므로, 직각에서 같은 양의 각을 뺀 다음 두 각의 크기는 같다.

∠★PH(북극성의 고도) = ∠POE(위도)

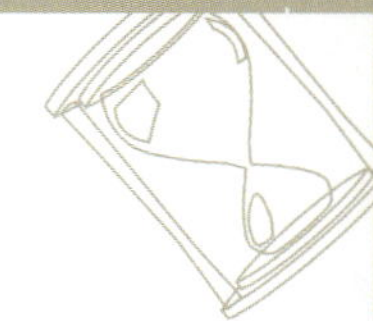

항해술이 바꾼 음식 문화

오늘날에는 각 나라가 수출입 화물을 싣고 무역을 하기 위한 항해를 하지만, 콜럼버스 시대에는 새로운 세상이나 항로를 발견하기 위해 항해를 했다. 우리가 즐겨 먹는 그림 35의 채소나 과일은 콜럼버스가 들여오기 전에는 유럽에 없었던 먹을거리이다. 이처럼 항해술이 발달함에 따라 유럽인의 식생활이 크게 바뀌는 등 항해술은 세계의 문화와 역사를 바꾸는 역할을 해 왔다.

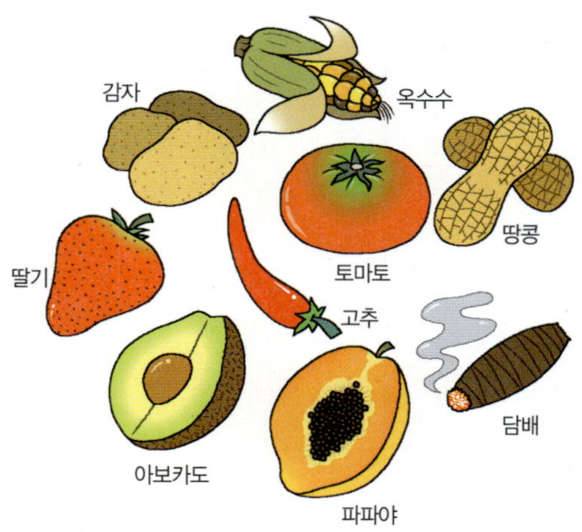

그림 35 콜럼버스가 항해 후 유럽으로 가져온 식물들

마젤란은 어떻게 세계 일주 항해를 했을까?

마젤란은 1519년 스페인을 출발해 세계 일주를 시작했다. 그런데 앞서 말했듯이 당시에는 포르투갈이 아프리카의 남단을 돌아 인도로 가는 항로를 먼저 차지하고 있었기 때문에 마젤란은 대서양을 건너 항해해야 할 입장이었다. 그런데 마침 이때쯤 남아메리카의 남위 40도 부근에 대서양과 태평양을 잇는 통로가 있다는 소문이 비밀리에 돌고 있었다. 마젤란은 확인되지 않은 이 소문을 믿고 그 통로를 찾아 항로를 개척하겠다면서 스페인 왕 카를로스 1세에게 지원을 요청했다. 그러나 마젤란은 그 통로를 찾지 못했고, 이 사실을 선원들에게 숨긴 채 혹독한 겨울을 보낸 후 훨씬 더 남쪽으로 내려가 남위 52도 부근에서 태평양으로 통하는 해협을 발견했다. 이것이 바로 오늘날 그의 이름을 딴 마젤란 해협이다. 이 해협을 통과하자 대서양의 험한 파도가 잠잠해지고 바다가 매우 고요했다. 마젤란은 '파도가 잔잔하고 평화스러운 바다' 라는 뜻으로 태평양^{Pacific Ocean}이라는 이름을 붙였다.

그림 36을 보며 당시 태양을 이용해 자신의 위치를 알아낸 방법의 원리를 살펴보자. 태양은 동쪽에서 떠서 서쪽

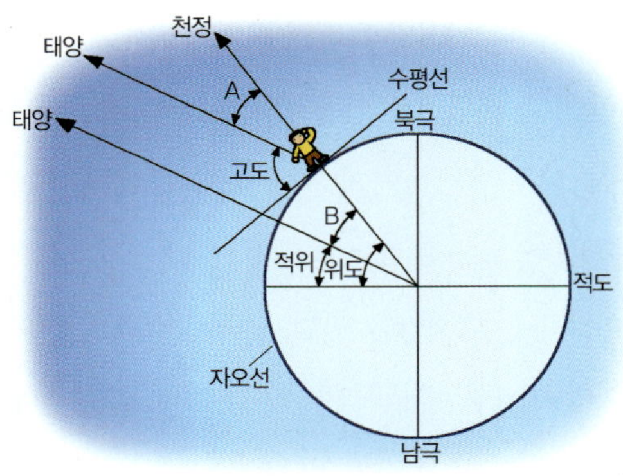

그림 36 태양의 남중고도를 이용한 위도 구하기

으로 지며, 태양의 고도는 점점 높아지다가 정오가 지나면 차츰 낮아진다. 이 중 내가 있는 곳에서 태양의 고도가 가장 높은 때(정오), 즉 태양이 정남쪽에 있을 때는 태양이 나를 지나는 자오선(남극과 북극을 잇는 선)을 통과하는 순간이다. 이처럼 태양이 정남쪽에 있을 때의 고도를 태양의 남중고도라고 한다.

다시 말해 관측자의 자오선에서 태양의 고도가 가장 높을 때 그 고도를 측정하면 관측자의 위도를 알 수 있다. 천정天頂은 관측자의 머리 위를 가리키며, 수평선과 직각을 이룬다. 그림 36을 보면 천정-관측자-태양이 이루는 각(A)과 천정-지구 중심-태양이 이루는 각(B)은 같다. 따라서 이때 태양의 고도를 관측해 90도에서 뺀 값인 A를 미리 만들어진 표에서 찾은 태양의 적위(적도에서 천체까지의 위도)와 합하면 관측자의 위도가 된다.

그림 37과 같이 지구는 자전축이 지구 공전 궤도면과 약 66.5도 기울어진 채 공전과 자전을 한다. 그 결과 태양의 남중고도 및 밤과 낮의 길이가 변하며, 이 때문에 지표면에 들어오는 햇빛의 양이 달라져 계절의 변화가 나타난다. 태양은 동지(12월 22일경) 때에는 남위 23.5도를 수직으로 비추고, 하지(6월 22일경) 때에는 북위 23.5도를 수직으

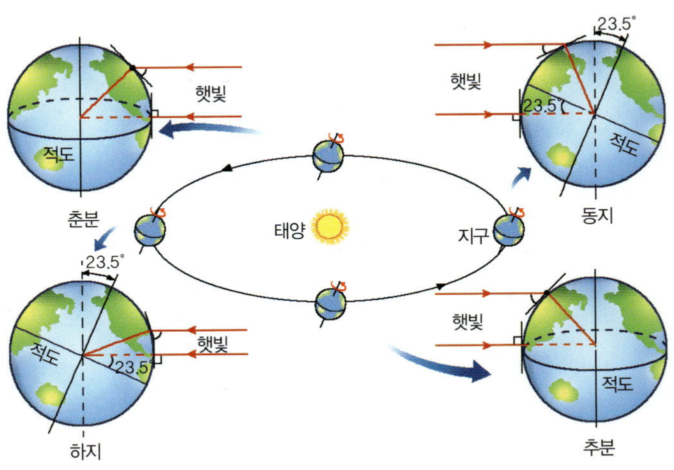

그림 37 태양의 남중고도 변화(북반구)

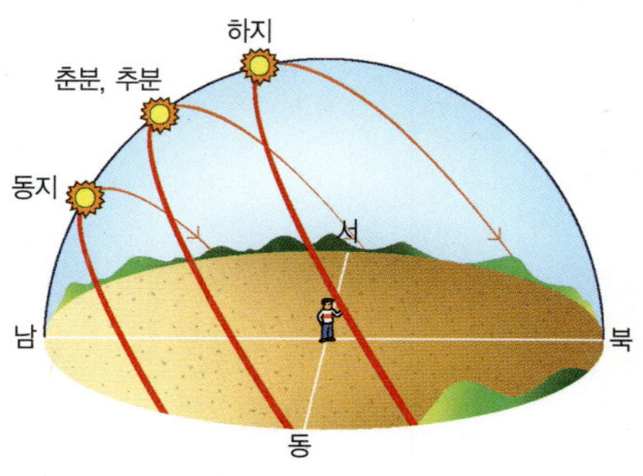

그림 38 우리나라에서 계절에 따른 태양의 이동 경로

로 비추면서 그 사이를 왔다 갔다 한다. 태양의 적위는 태양빛이 수직으로 비추는 곳의 위도에 해당하며, 적위가 연중 북위 23.5도와 남위 23.5도 사이에서 변하기 때문에 그때의 날짜와 시간에 따라 미리 적위 표를 만들어 놓고 항해사들이 알 수 있게 한다.

마젤란은 무엇을 싣고 세계 일주에 나섰을까?

식량 비스킷 21만 3,308파운드, 밀가루 5통, 쌀 322파운드, 소금에 절인 돼지고기 5,712파운드, 정어리 200통, 치즈 984덩어리, 양파 100꾸러미, 꿀 5,402파운드, 말라카포도 3,200파운드, 건포도 1,800파운드, 씨 없는 건포도 200파운드, 무화과 16통, 아몬드 12파네가, 초절임 열매 3통, 설탕 2,109파운드, 식초 2만 파운드, 마늘 250다발, 겨자 1파네가, 살아 있는 소 7마리, 살아 있는 돼지 3마리, 최고급 포도주 253통, 식용유 4,700파운드, 건어물 166다스, 완두콩 등.

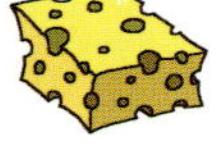

기타 물품 큰 칼 10개, 양초 800파운드, 소기름으로 만든 초 4,200파운드, 램프 89개, 땔감용 장작 40마차, 큰 대접 14개, 왁스 22파운드, 부엌칼 12개, 대접 100개, 국그릇 200개, 고기칼 100개, 나무 대접 66개, 망치 5개, 자물쇠 35개, 족쇄, 수갑, 곡괭이 50개, 송곳 6개, 낚싯대 1만 500개, 북, 사분의, 모래시계, 나침반, 해도 등.

*1파운드pound = 약 453그램 , 1파네가fanega = 약 55리터

쿡 선장은 어떻게 자신의 위치를 알았을까?

쿡 선장은 해상시계(크로노미터chronometer)를 항해에 처음으로 이용한 인류 역사상 가장 위대한 항해자로, 태평양을 자기 집 앞마당처럼 돌아다녔다. 한 번 출항하면 3년 동안 태평양을 탐사한 후에 돌아오고, 오스트레일리아를 한 바퀴 돌거나 베링 해를 탐사했으며 수많은 섬을 발견·측량하고 이름을 붙였다. 하와이도 이런 섬 가운데 하나이다.

배의 위치를 알기 위해서는 위도뿐만 아니라 경도도 알아야 한다. 위도는 앞서 말했듯이 북극성의 고도나 태양의 남중고도를 측정하면 알 수 있다. 그러면 경도는 어떻게 알 수 있을까? 이제 정확한 시계와 태양을 이용해 경도를 아는 방법을 살펴보자.

육지에서는 여러 가지 방법으로 경도를 알 수 있다. 그러므로 그림 39와 같이 경도를 정확하게 알고 있는 A지점에서 태양의 고도가 가장 높은 정오에 정확하게 시간을 12시에 맞춘 후, 그 시계를 가지고 서쪽으로 항해했다고 하자. 며칠이 지난 후 B지점에서 태양의 고도가 가장 높을 때 시계를 보니 오후 1시였다면 출발한 지점과 15도의 경도 차이가 있음을 알 수 있다. 왜냐하면 지구는 24시간에

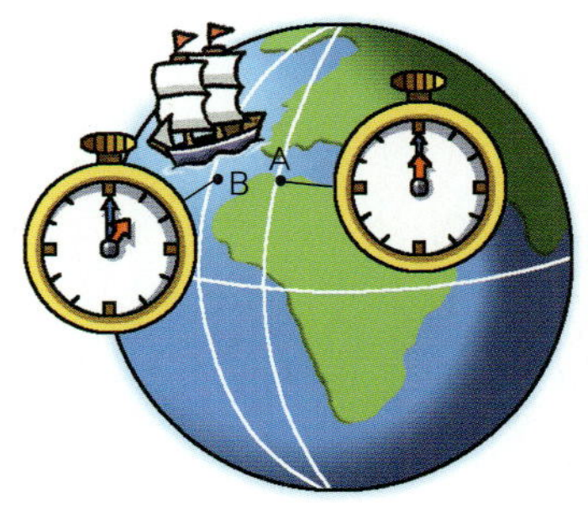

그림 39 시계와 태양을 이용한 경도 구하기

360도를 자전하기 때문에 1시간에는 15도를 돌며, B지점에서는 A지점보다 1시간 후에 정오가 되었으니, B지점은 A지점과 15도의 경도 차이가 있는 것이다.

그 당시 육지에서는 이미 추의 진자를 이용하는 시계가 만들어졌으나, 파도에 흔들리는 배에서는 추 시계를 사용할 수 없었다. 이에 존 해리슨John Harrison은 태엽을 이용해 배에서도 정확한 시간을 알 수 있는 해상시계를 고안했다. 그리고 쿡 선장은 태평양을 탐사할 때 처음으로 해상시계를 유용하게 사용하면서 안전하게 항해할 수 있었다. 즉, 해상시계의 발명으로 바다에서 천체와 시계를 이용해 경도를 아는 법이 알려지게 되었다.

이 외에도 배의 위치를 알아내는 여러 방법이 있지만,

이 책에서는 하늘의 천체를 이용하는 방법을 아는 것으로
만족하자.

이 책에서는 하늘의 천체를 이용하는 방법을 아는 것으로

별을 이용해 배의 위치 알아내기

별빛은 워낙 먼 곳에서 오기 때문에 지구에 평행하게 들어온다고 생각할 수 있다. 사람들은 오랫동안 규칙적으로 별을 관측해 그림 40의 (가)와 같이 별의 지위를 알게 되었다. '지위'란 별과 지구 중심을 이을 때 지표면과 만나는 점이다. 지구가 하루에 한 바퀴씩 자전하기 때문에 별의 지위도 지구 표면상에서 움직인다.

미리 만들어진 표를 이용하면 해당 시간에 어떤 별의 지위를 알 수 있으며, 그 별의 지위에서 별의 고도는 90도가 된다. 만약 그 위치를 벗어나 그 별의 고도를 측정하면 그림 40의 (가)와 같이 그 별을 같은 고도로 보는 지점을 잇는 선, 즉 등고도원을 그릴 수 있다. 지위를 중심으로 하는 원인 등고도원은 하나의 위치선이 된다. 그리고 그림 40의 (나)와 같이 또 다른 별을 선택해 고도를 측정해서 등고도원을 그리면 교점이 생길 것이고, 이로부터 배의 위치를 알 수 있다.

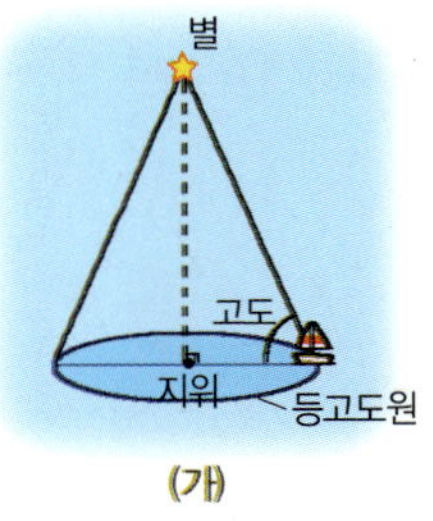

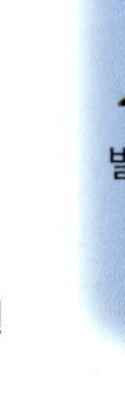

(가)   (나)

그림 40 별의 지위와 등고도원

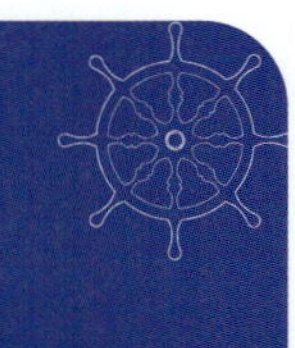

항해에 이용하는 전파의 종류

전파는 전기적인 진동으로서, 에너지 전달 속도가 매우 빨라 1초 동안 30만 킬로미터를 진행한다. 또한 전파는 곧바로 나아가는 직진성이 있으며, 어떤 물체에 부딪히면 반사하는 성질을 가진다. 전파는 1초 동안 진동하는 횟수(주파수)도 여러 가지이고 주파수에 따라 성질도 조금씩 다르므로 이름을 달리해 구별하며, 상황에 따라 그 성질을 항해에 이용한다.

전파는 발사하는 방식에 따라 그림 41과 같이 지속파와 충격파로 나눈다. 지속파는 방송에 사용하는 전파처럼 끊이지 않고 계속 진동하는 전파를 말하고, 충격파는 아주

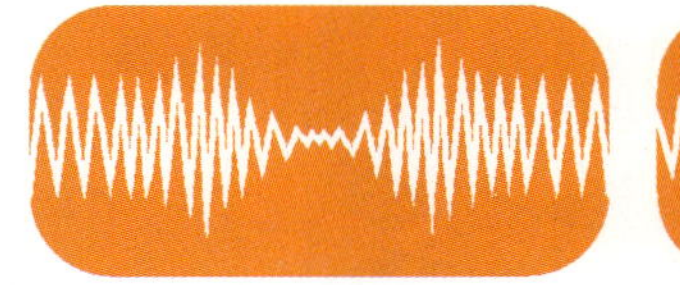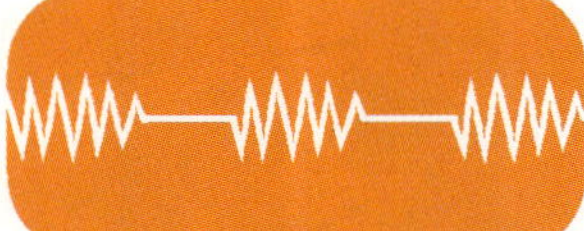

(가)지속파   (나)충격파

그림 41 지속파와 충격파의 비교

짧은 순간 진동하고 상당 기간 쉬었다가 진동하는 형태를 반복하는 전파를 말한다. 이 충격파는 쌍곡선항법과 레이더항법에 이용된다.

전파가 오는 방향을 측정해 배의 위치 구하기

20세기에 들어오면서 전기·전자 기술이 급속히 발전했다. 이에 따라 전파를 이용해 먼 바다에서 배의 위치를 아는 방법이 제안되고 실현되었다. 그 첫 번째가 무선방위측정법이다.

이 방법은 해안의 적당한 곳에 전파를 발사하는 송신국을 설치하고, 송신국을 구별하기 위해 송신국마다 다르게 부호화한 전파를 발사한다. 그러면 먼 바다의 배에서 안테나를 이용해 전파가 오는 방위를 측정함으로써 직선 형태의 위치선, 즉 방위선을 얻을 수 있다. 그리고 그림 42와

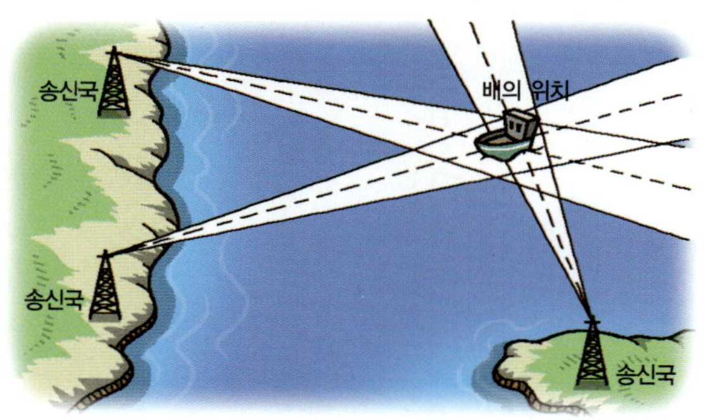

그림 42 전파가 오는 방향을 이용한 배의 위치 구하기

같이 두 개 또는 세 개의 무선방위 위치선으로 배의 위치를 결정한다. 전파는 매우 멀리까지 나아가므로 육지에서 먼 바다로 나가 육지의 지형과 물체를 이용할 수 없을 때 매우 유용하다. 먼 바다에서 출발했던 항구로 입항하고자 할 때에도 그 항구에서 발사된 전파가 오는 방향으로만 항해하면 된다.

쌍곡선항법의 원리

쌍곡선이란 '두 점으로부터 거리차가 일정한 점의 자취'이다. 그림 43의 (가)에서 A지점과 B지점이 6해리 떨어져 있다고 하자. A지점과 B지점으로부터 거리차가 0인 점

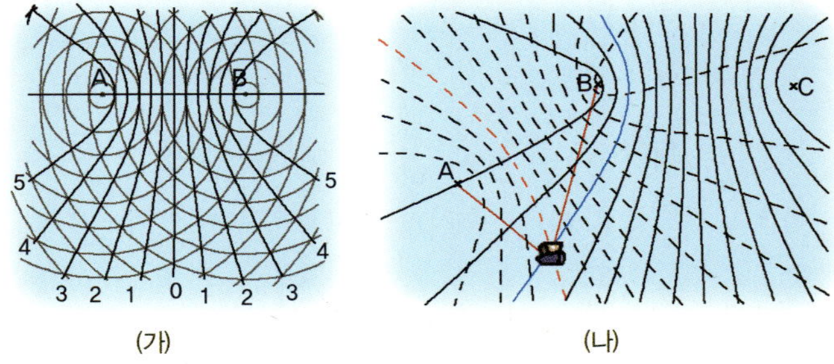

그림 43 쌍곡선 모양의 위치선((가)의 숫자는 거리차를 나타낸다)

의 자취는 중앙에 하나 생기지만, 거리차가 1해리인 점의 자취는 양쪽으로 두 개가 생기므로 쌍곡선이라고 한다. 그런데 그 넓은 바다에서 두 지점까지의 거리를 어떻게 측정한단 말인가? 이때 두 지점까지의 거리는 몰라도 전파를 적절히 이용하면 '거리차' 는 알 수 있다.

그림 43의 (나)를 보면 A지점(송신국)과 B지점(송신국)에서 동시에 출발한 전파는 사방으로 퍼져 나가면서 배에도 도착한다. 당연히 배에서 더 가까운 A지점에서 출발한 전파가 먼저 도착하고, B지점에서 출발한 전파가 나중에 도착한다. 두 지점까지의 거리차가 작으면 전파의 도착 시각 차이도 작을 것이고, 거리차가 크면 전파의 도착 시각 차이도 클 것이다.

두 전파의 도착 시각 차이를 구해 전파의 속도를 곱하면 A지점과 B지점까지의 거리는 몰라도 거리차는 알 수 있으므로 쌍곡선항법이 가능하다. 해도에 적당한 간격으로 미리 쌍곡선을 그려 놓고, 전파를 이용해 구한 쌍곡선을 해도에서 찾으면 그것이 쌍곡선 형태의 위치선이 된다.

그리고 그림 43의 (나)와 같이 서로 다른 쌍곡선을 찾아 두 쌍곡선의 교점으로 배의 위치를 알 수 있다. 즉, A와 B송신국을 이용해 점선의 쌍곡선 위치선을 구하고, B와 C송신국을 이용해 실선의 쌍곡선 위치선을 구해 그 교점을 배의 위치로 한다.

배에서는 레이더를 어떻게 이용할까?

레이더를 이용하면 어떤 특정한 곳이나 물체까지의 거리를 알 수 있다. 그리고 측정한 거리를 눈금자에서 잡아 그 특정한 곳이나 물체를 원점으로 하는 원을 그리면 배는 원 둘레의 어딘가에 있게 된다. 즉, 원호 모양의 위치선을 얻을 수 있다.

그림 44의 배로부터 툭 튀어나온 A지점까지의 거리는 5킬로미터로 측정되었다. 따라서 A지점을 중심으로 반지

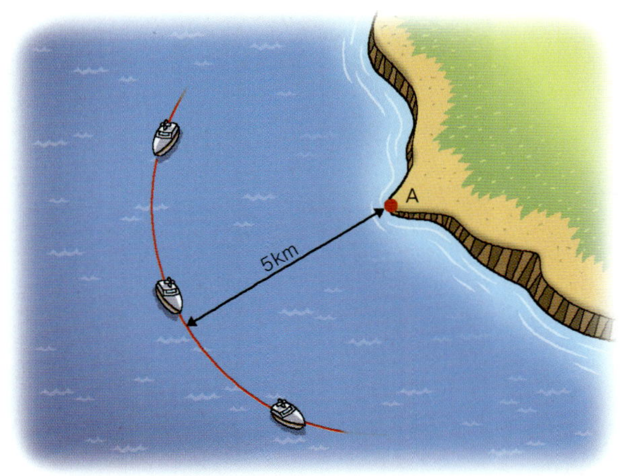

그림 44 원호 위치선 구하기

름 5킬로미터의 원을 그리면 그 원호가 배의 위치선이 되고, 배는 그 원호 위 어딘가에 있다는 뜻이다. 그런 다음 다른 곳이나 물체까지의 거리에 해당하는 원호 위치선을 그리면 그 교점으로 배의 위치를 알 수 있다.

레이더는 전파의 직진하는 성질과 물체에 부딪히면 반사하는 성질, 그리고 일정한 속도로 나아가는 성질을 이용해서 만든 장치이다. 따라서 레이더로 배 주위에 물체가 있는지 여부를 알 수 있고, 전파가 물체에 반사되어 되돌아올 때까지의 시간을 구해 그 물체까지의 거리도 알 수 있다.

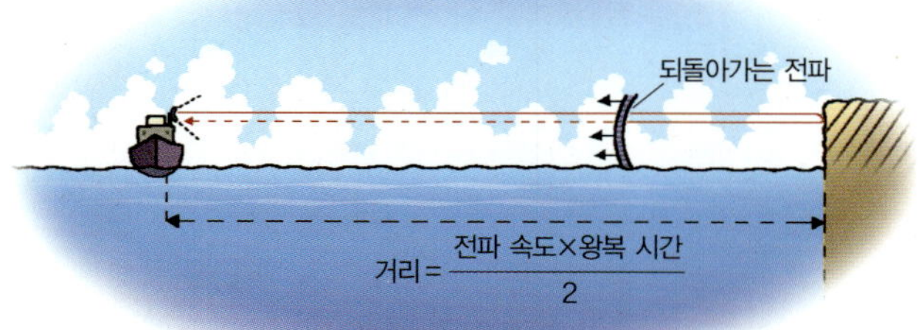

그림 45 레이더의 거리 측정 원리

그림 45를 보자. 예를 들어 전파가 물체까지 갔다가 되돌아오는 데 10만분의 1초가 걸렸다면 전파는 10만분의 1초 동안 3000미터를 진행하고(전파는 1초 동안 30만 킬로미터를 진행하므로) 이 시간은 왕복 시간이므로 2로 나누면 물체까지의 거리를 알 수 있다. 즉, 물체까지의 거리는 1500미터이다. 레이더 안테나는 송신과 수신을 겸하기 때문에 충격파를 이용하는 것이 유리하다. 이때 충격파는 매우 짧은 시간(100만분의 1초) 동안 전파를 송신하고 그 1,000배 정도의 시간 동안 쉬면서 반사파를 기다린다. 반사파가 오면 수신기로 보내 주고 다시 일정한 간격으로 송신을 계속한다. 또한 360도 방향의 모든 물체를 탐지해야 하므로 회전하면서 전파를 송수신해 배 주위의 상황을 지시기에 나타낸다.

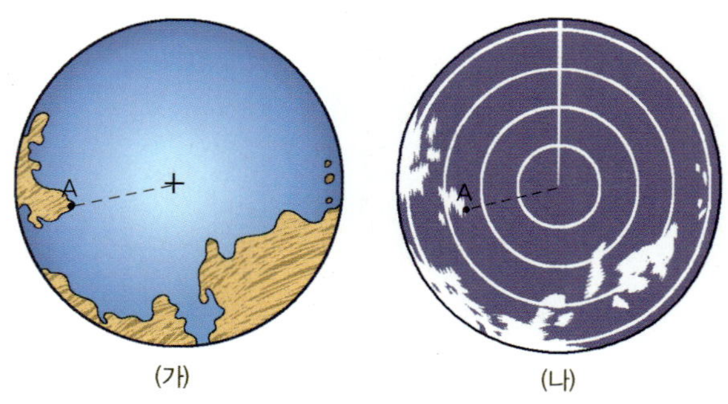

그림 46 실제 모습과 레이더 화면의 비교

그림 46의 (가)는 레이더로 측정할 수 있는 범위의 바다와 육지 모양이며, 배는 그림의 중앙(+모양)에 위치한다. 그리고 그림 46의 (나)는 (가) 상태에서 레이더 화면에 나타나는 모습이다. 앞면에 높은 물체가 있으면 그 뒷면의 낮은 곳에 도달하지 못하는 전파의 특성상 육지의 모양이 (가)와 일치하지는 않는다. 지시기 주위에 360도 방위 눈금을 새겨 놓으면 화면상의 물체나 위치의 방위도 알 수 있다. 그림 46의 (나)에서 4개의 동심원은 배로부터 떨어진 거리를 나타낸다. 만약 각 동심원 사이의 간격이 1해리라면, 선수 방향으로부터 260도 방향인 곳(A지점)까지의 거리는 2.5해리임을 알 수 있다.

따라서 레이더로 어떤 뚜렷한 물체까지의 거리를 측정

하면 원호 형태의 위치선을 얻을 수 있고, 물체의 방위를 측정하면 직선 형태의 위치선(방위선)을 얻을 수 있다. 그리고 이런 위치선들을 적절히 조합하면 그 교점으로 배의 위치를 확인할 수 있다. 그림 47의 (가)는 하나의 뚜렷한 물체의 방위와 거리를 측정해 배의 위치를 확인하는 방법을 나타내고, 그림 47의 (나)는 세 개의 뚜렷한 물체까지의 거리를 측정해 배의 위치를 확인하는 방법을 나타낸다.

또한 레이더는 안개가 끼어 눈으로 주위 상황을 확인할 수 없을 때 사람의 눈 역할을 대신한다. 레이더 화면을 체계적으로 관찰하면 주위에서 어떤 배가 얼마나 빠른 속도로 움직이는지 보인다. 그리고 우리 배와 충돌 위험이 있는지 등을 판단할 수 있다. 이처럼 레이더는 항해의 안전을 위해 없어서는 안 될 매우 중요한 장치이다. 따라서 사람에게도 눈이 두 개 있듯이 먼 바다를 항해하는 배에는 반드시 두 대의 레이더가 있다. 만약 하나만 가지고 있다가 고장이 나면 아무것도 알 수 없는 상황이 되기 때문이다. 레이더가 만들어지기 전에는 안개가 끼면 일정한 간격으로 종을 치면서 자신의 위치를 알렸다. 그리고 다른 배의 종소리를 듣고 배의 존재와 거리를 짐작했으며, 어떤 때에는 속도를 줄

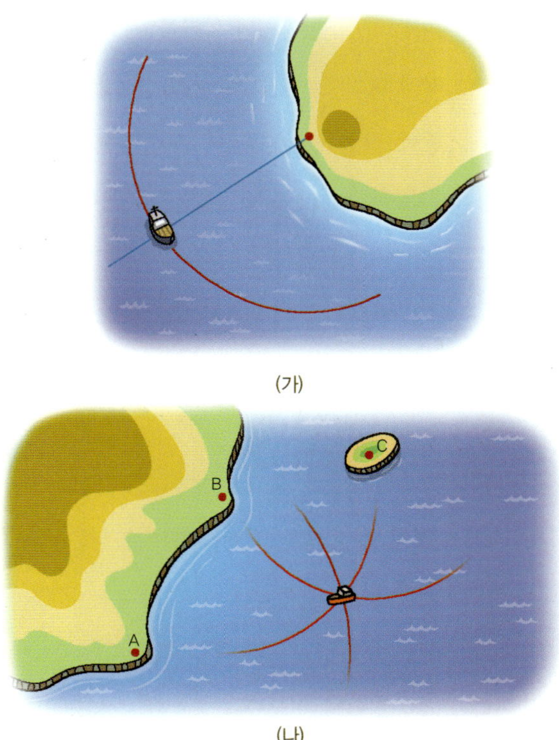

그림 47 물체까지의 거리와 방위를 이용한 배의 위치 구하기

이고 안개가 걷힐 때까지 정박하기도 했다. 하지만 레이더가 만들어진 후에는 안개가 짙게 낀 날뿐만 아니라 캄캄한 밤에도 안전하게 항해할 수 있게 되었다.

우리가 산에 올라 '야호'를 외치면 메아리가 되어 돌아온다. 그런데 메아리가 되돌아오는 시간은 저쪽에 있는 산까지의 거리에 따라 다르다. 이것 역시 레이더의 원리와 같다. 또한 동물 중에 박쥐는 아무것도 보이지 않는 캄캄한 밤에 자유자재로 날아다니는데, 이는 박쥐가 레이더의 원리를 이용하기 때문이라고 알려져 있다. 박쥐는 초음파를 사방으로 발사해 되돌아오는 반사파로 주위 상황을 파악하고 장애물이 있는지 없는지 판단하는 것이다.

인공위성으로 배의 위치 찾기

최근 승용차에 많이 달고 다니는 네비게이션은 모르는 지역을 빠르게 찾아갈 수 있도록 안내하는 장치로, GPS^{Global Positioning System}항법을 이용한 것이다. GPS항법이란 원래 미국에서 군사용으로 개발된 항법으로, 그중 일부를 민간에 공개해 사용하고 있다. 그림 48과 같이 지구 표면으로부터 2만 킬로미터 상공에 적당히 배치되어 지구 둘레를 12시간에 한 바퀴씩 도는 24개의 GPS인공위성이 있다.

이 위성들은 지구 둘레를 돌면서 지구를 향해 정확하게 동기(인공위성마다 가지고 있는 시계가 정확히 일치하도록 하는

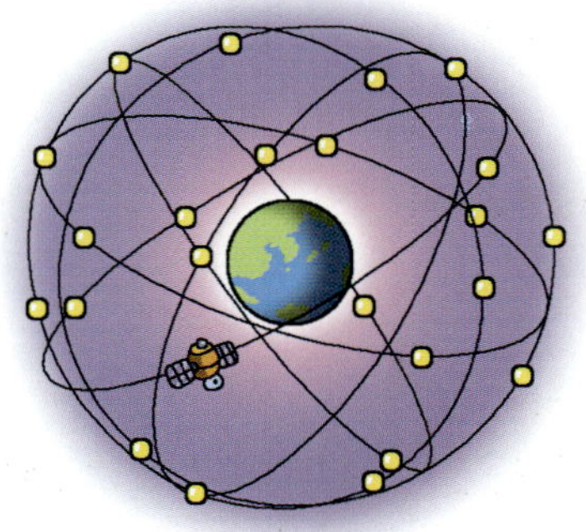

  GPS인공위성의 배치

작업)된 시계에 맞추어 약속된 시간에 각각 자기 고유 형태의 신호를 전파에 실어 일제히 송신한다. 그러면 배나 비행기, 자동차 등에 설치된 수신기에서는 그림 49의 (가)와 같이 그 전파를 받아 자신이 이미 저장하고 있던 24개의 인공위성 신호 중 수신되는 인공위성의 신호와 각각 비교한다. 이렇게 되면 전파가 인공위성을 출발해 수신기까지 오는 데 걸린 시간을 알 수 있다. 그리고 그 시간에 전파의 속도를 곱하면 인공위성과 수신기 사이의 거리를 알 수 있다. 또한 그 거리를 알면 인공위성을 원점으로 하는 구면(평면에서는 원이지만 삼차원 공간이므로 구면이다) 형태의 위치면(평면에서는 위치선이지만 삼차원 공간이므로 위치면이다)을 얻

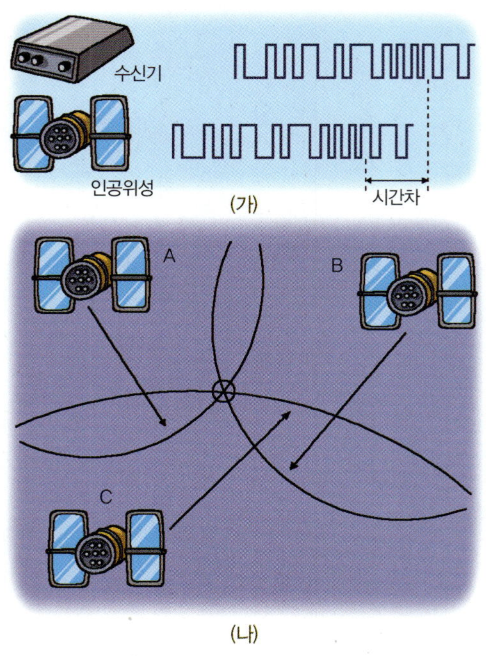

그림 49 GPS항법의 원리

을 수 있으며, 그림 49의 (나)와 같이 A, B, C 세 개의 인공위성으로부터 세 개의 위치면을 얻으면 그것들이 교차하는 교점을 배의 위치로 한다.

천둥과 번개가 칠 때에도 인공위성과 수신기 사이의 거리를 구하는 GPS항법 원리를 이용해 벼락이 떨어진 거리를 짐작할 수 있다. 벼락이 떨어지면 빛과 천둥소리가 나는

데, 빛은 속도가 매우 빠르므로 금방 알 수 있다. 그러나 소리는 공기 중에서 1초에 약 340미터를 나아가므로, 번개가 친 다음에 조금 있다가 천둥소리가 들린다. 따라서 번갯불을 보고 천둥소리가 들릴 때까지 시간을 재어 340미터를 곱하면 벼락이 떨어진 곳이 가까이에 위치하는지 멀리 떨어진 곳인지 짐작할 수 있다.

물 위나 지구 상공에서는 정확하고 편리한 여러 가지 항법이 개발되어 선박이나 항공기에서 현재 위치를 알 수 있으며, 이때에는 대부분 전파를 이용한다. 그런데 전파는 물속으로 들어가지 못하므로 물속에서는 이 항법들을 이용할 수 없다. 그렇다면 잠수함은 물속에서 어떻게 자신의 위치를 알 수 있을까?

잠수함은 뉴턴Isaac Newton의 '관성의 법칙'을 응용한 관성항법을 이용한다. 관성이란 외부에서 작용하는 힘이 없다면 어떤 물체가 현재의 상태를 그대로 유지하려는 성질(움직이는 물체는 계속 움직이려 하고, 정지해 있는 물체는 계속 정지해 있으려고 하는 성질)을 말한다. 관성은 물체의 무게가

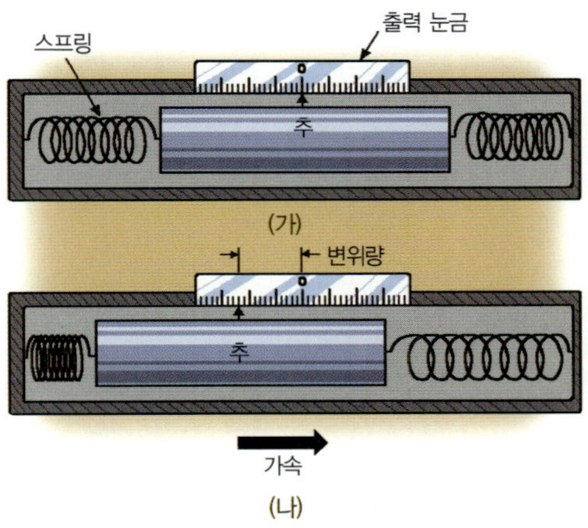

그림 50 관성항법의 원리

무거울수록 크다. 즉, 무거운 물체일수록 현재의 상태를 유지하려는 성질이 강하다.

그림 50에서 스프링으로 연결된 추를 보자. 물체에 힘이 가해져 가속 방향으로 움직이면 무거운 추는 관성 때문에 움직이지 않아, 마치 물체의 반대 방향으로 이동한 것처럼 보인다((가)→(나)).

이때 물체에 가해진 힘의 크기에 따라 가속도가 달라지고, 가속도에 따라 추가 밀린 정도도 달라진다. 따라서 추가 움직인 양을 일정한 시간 동안 모두 합하면 움직인 거리를 알 수 있다. 또한 스프링을 사방으로 연결해 추가 움직인 방향을 확인하면 어느 방향으로 움직였는지 알 수 있다. 앞서 말한 추측항법을 이용해 거리와 방향으로부터 배의 위치를 계산해 가는 것이다.

위의 내용을 정리하면, 잠수함은 물속으로 들어가기 전에 지상의 항법 방식으로 구한 정확한 위치를 입력한 후, 물속에서는 관성항법으로 그때그때의 위치를 계산한다. 따라서 처음에 잠수함의 위치를 정확하게 입력하고, 항해 중에 적당한 간격으로 물 위에 올라와 인공위성항법이나 쌍곡선항법 등으로 자신의 위치를 확인한 후 다시 물속으로 들어가서 항해를 계속한다.

부록

항해의 역사

기원전

3000년경	노아의 방주가 만들어지다. 이집트인들이 선박을 이용해 탐험을 시작하다.
1483~1480년	이집트의 하트셉수트[Hatshepsut] 여왕이 '푼트'로 원정대를 보내다.
1100년경	중국에서 처음으로 육지에서 남쪽을 가리키는 나침반을 만들다.
660년경	최초의 등대가 이집트에 세워지다.
600~597년	페니키아인들이 아프리카 대륙 둘레를 항해하다.
310~304년	피테아스[Pytheas]가 영국을 거쳐 북극권 근처의 '툴레'를 발견하다.

| 235년경 | 에라토스테네스Eratosthenes가 지구 둘레를 3만 9,744킬로미터로 계산하다. |

| 140년경 | 히파르코스Hipparchos가 최초로 별 목록(1,080개)을 만들다. |

기원후

| 50년경 | 로마인들과 아라비아인들이 인도로 항해하다. |

| 285년 | 『천자문』을 전해 주기 위해 백제의 왕인을 태운 배가 일본으로 출항하다. |

| 570년경 | 아일랜드 수도사 브렌던Brendan이 북아메리카 대륙의 동쪽 바다를 항해하다. |

| 600~900년 | 바이킹이 북해와 발트 해를 거쳐 아이슬란드까지 진출하다. |

| 660년 | 당나라 소정방이 신라를 도와 백제를 공격하기 위해 13만 대군을 이끌고 서해를 건너오다. |

| 828년 | 장보고가 당나라에서 돌아와 청해진을 설치하다. |

909년	왕건이 후백제를 공격하기 위해 진도로 항해하다. 나주 앞바다에서 후백제군과 여러 차례 해상 전투를 하다.
982년	에리크Erik Thorvalsson Raudi가 그린란드를 발견하고 그곳에 주거지를 건설하다.
1000년경	에릭손Leif Eriksson이 지휘하는 바이킹 배가 아메리카에 도착하다.
1050년경	중국 배에서 나침반을 사용하고, 중국의 정크선이 아프리카 해안까지 항해하다.
1200년경	지중해를 항해하는 배에서 나침반을 사용하기 시작하고, 최초의 포르톨라노 해도가 등장하다.
1274년	고려와 몽골 연합군이 제1차 일본 원정 길에 오르다.
1300년경	플라비오 조이아Flavio Gioia가 선박용 자기나침반을 발명하다.
1323년	중국의 닝포 항을 출발한 무역선이 일본으로 가는 도중에 전라남도 신안 앞바다에서 침몰하다.

| 1400~1460년 | 포르투갈이 엔리케^{Henrique} 왕자의 역할에 힘입어 해상제국이 되다. |

1400~1460년 | 포르투갈이 엔리케 왕자의 역할에 힘입어 해상제국이 되다.

1404~1433년 | 중국 명나라의 정화鄭和가 7차례에 걸쳐 동중국해, 수마트라, 인도, 아라비아, 아프리카 동해안 등을 정기적으로 방문하다.

1419년 | 세종 1년, 이종무가 일본의 쓰시마 섬을 정벌하다.

1434년 | 에아네스^{Gil Eanes}가 보자도르 곶을 지나 인도로 항해하다.

1450년 | 포르투갈인들이 서아프리카 기니 해안에서 무역을 하다.

1488년 | 포르투갈의 디아스^{Bartholomeu Diaz}가 아프리카 남단의 희망봉을 통과하다.

1492년 | 콜럼버스^{Christopher Columbus}가 아메리카에 도착해 그곳이 인도라고 믿다.

1492~1512년 | 베스푸치^{Amerigo Vespucci}에 의해 아메리카가 신대륙임을 알게 되다.

| 1459~1507년 | 독일의 베하임$^{Martin\ Behaim}$이 처음으로 지구의를 제작하다. |

독일의 베하임$^{Martin\ Behaim}$이 처음으로 지구의
를 제작하다.

1460~1524년

포르투갈의 바스코 다 가마$^{Vasco\ da\ Gama}$가 인
도 항로를 개척하고 인도 총독이 되다.

1470년경

독일의 뮐러$^{Johann\ Müller}$가 태양이나 달 또는
별의 고도를 재는 측각기를 발명하다.

1480~1521년

마젤란$^{Ferdinand\ Magellan}$이 최초로 세계 일주에
성공하다. 비록 마젤란은 항해 도중 죽었지만,
그의 배 빅토리아호는 세계를 일주한 최초의
배이다.

1518년

이론적으로 지구가 둥글다는 사실과 지구의
크기가 알려지다.

1540~1596년

드레이크$^{Francis\ Drake}$가 영국인으로서는 최초로
세계를 일주하다.

1550~1597년

네덜란드의 바렌츠$^{Willem\ Barents}$가 북극해를 거
쳐 중국으로 가는 항로를 찾으려 했으나 실패
하다.

1574년	선박의 속도를 측정하는 장치가 영국에서 처음으로 만들어지다.
1592~1598년	일본의 도요토미 히데요시가 조선을 침공했으나 한산도와 노량 등에서 이순신에게 패하다. 이순신이 나대용에게 명령해 거북선과 판옥선을 만들게 하다.
1598년	영국이 스페인 함대를 물리치다.
1599년	라이트Wright가 오늘날의 항해 지도로 사용되는 점장도법 해도를 최초로 만들다.
1603~1659년	네덜란드의 타스만Abel Janszoon Tasman이 뉴질랜드, 태즈메이니아 섬, 남태평양의 여러 섬을 발견하다.
1653년	하멜Hendrik Hamel 일행이 탄 네덜란드의 스페르웨르호가 제주도에 떠밀려 오다.
1675년	영국 그리니치천문대가 설립되고, 1884년에 이 천문대를 지나는 자오선을 본초자오선으로 확정하다.

1681~1741년	덴마크 출신의 러시아 해군 장교 베링^{Vitus Jonassen Bering}이 시베리아와 알래스카 사이의 항로를 발견하다.

1681~1741년   덴마크 출신의 러시아 해군 장교 베링$^{Vitus\ Jonassen\ Bering}$이 시베리아와 알래스카 사이의 항로를 발견하다.

1728~1779년   쿡$^{James\ Cook}$ 선장이 세 차례에 걸쳐 태평양을 항해하고 태평양의 여러 섬을 측량해 지도를 제작하다.

1761년   해리슨$^{John\ Harrison}$이 선박용 시계인 크로노미터를 최초로 완성하다. 위의 쿡 선장이 크로노미터를 이용해 항해하며 그 유용함을 확인하다.

1861~1930년   노르웨이의 극지 탐험가 난센$^{Fridtjof\ Nansen}$이 그린란드를 횡단하고, 북위 84도까지 도달하는 등 북극을 탐험하다.

1878년   스웨덴의 노르덴셸드$^{N.\ A.\ E.\ Nordenskjöld}$가 예테보리에서 요코하마에 이르는 북동 항로를 개척하다.

1907년   전파가 오는 방위를 측정하는 기술을 최초로 항해에 이용하다.

1911년   자이로컴퍼스를 선박에서 처음으로 시험하다.

1935년	멀리 있는 물체를 탐지하는 레이더를 발명하다.
1947년	노르웨이의 헤이에르달Thor Heyerdahl이 페루에서 뗏목을 타고 카야오 항을 출발해 101일 만에 폴리네시아 라로이아 섬까지 항해하다.
1958년	미국의 원자력 잠수함 노틸러스호가 북극해의 얼음 밑으로 잠수해 북극에 도달하다.
1970년경	인공위성을 이용해 선박의 위치를 알아내는 GPS기술이 개발되다.
1994~1997년	미국 로스앤젤레스에 사는 한국 교포 강동석이 한국인으로서는 처음으로 단독 요트 세계 일주에 성공하다.
2000년	우리나라가 세계에서 배를 가장 많이 만드는 세계 제일의 조선국이 되다.

참고문헌

강동석, 『그래, 나는 바다에 미쳤다』, 한국문원, 1997.

김우숙, 『레이더항법과 알파』, 해문출판사, 1996.

김우숙 · 신철호, 『전자항해학』, 효성출판사, 2001.

데이바 소벨 외 지음 · 김진준 옮김, 『경도』, 생각의나무, 2001.

베른하르트 카이 지음 · 박계수 옮김, 『항해의 역사』, 북폴리오,
    2006.

슈테판 츠바이크 지음 · 이내금 옮김, 『마젤란』, 자작나무, 1996.

최재천, 『개미제국의 발견』, 사이언스북스, 1999.

크리스토퍼 콜럼버스 지음 · 이종훈 옮김, 『콜럼버스 항해록』, 서
    해문집, 2004.

Nathaniel Bowditch, 『American Practical Navigator』, DMAH
    Center, 1977.

G. D. Dunlap, 『Dutton' s Navigation and Piloting』, U. S.
    Naval Institute, 1969.

D. F. H. Grocott, 『Journal of Navigation』(vol.56), Royal
    Institute of Navigation, 2003.

J. E. D. Williams, 『From Sails to Satellites』, Oxford
    University Press, 1992.

Jeff Hurn, 『GPS』, Trimble Navigation, 1989.

Richard R. Hobbs, 『Marine Navigation』, U. S. Naval Institute Press, 1998.

高槻和宏, 『GPSナビゲッョン』, 舵社, 1998.

堀木與三, 『海事概要』, 成山堂書店, 1974.

茂在寅男, 『古代日本の航海術』, 小學館, 1992.

飯田嘉郎, 『航海術史』, 出光書店, 1984.

西川秀雄, 『船舶讀本』, 成山堂書店, 1978.

佐藤新一, 『誰にもわかる地文航法』, 海文堂, 1979.

坂井丈泰, 『GPS技術入門』, 東京電機大學出版局, 2003.